青少年心理成长护航丛书

关注青少年心理成长，著名儿童心理学专家 李红 教授主编

追求卓越

——杰出青少年的30个心理品质

主编 高雪梅　副主编 施桂娟

西南师范大学出版社

全国百佳图书出版单位 国家一级出版社

青少年心理成长护航丛书
编委会

主　编

李　红

副主编

赵玉芳　张仲明　高雪梅

编委（以姓氏笔画为序）

于　璐	马文娟	王　琦	王冬梅	王晓樊
冯　立	冯廷勇	卢　旭	付　彦	刘廷洪
刘春卉	刘晶莹	向泓霖	向鹏程	朱　雯
米加德	齐新玉	但　浩	何腾腾	何颖操
余小燕	吴　沙	张　笑	张　萍	张久林
张绍明	张娅玲	李　倩	李　娟	李　浩
李　唯	李东阳	李宇晴	李富洪	李远毅
杨圆圆	汪孟允	肖钟萍	苏哲宸	邹锦秀
陈小异	陈宏宇	屈　沙	武晓菲	武姿辰
罗婷婷	周　婷	郑　伟	郑持军	施桂娟
洪显利	祝正茂	胡丽娟	胡朋利	赵永萍
赵伟华	赵轶然	钟建斌	欧　莹	奚　桃
秦玲玲	郭晓伟	陶安琪	曹云飞	曹贵康
黄　焰	程　凯	彭艳蛟	程文娟	雷园媛
熊韦锐				

给青少年朋友的信

亲爱的同学们：

你们好！

成长对于我们每个人来说，是那样的不可思议，就好比一粒种子慢慢地从土里伸出它那细长的茎，向着天空的方向长出叶子，并开出自己的花朵来。在这过程中，我们既蒙受着阳光雨露的恩惠，也要接受风雨的洗礼。

成长叩启心中的爱意，让我们拥有微笑的面庞；成长要我们独立自强，用自己的手推开成功的大门；成长要求我们正直负责，宁做坦荡君子，不做戚戚小人；成长让我们相信执著勤奋，"一分耕耘，一分收获"；成长鼓励我们不断进取，因为"没有最好，只有更好"。

每个人都希望自己将来能成为一个优秀的人。优秀是由很多优秀的品质共同组成的：面对爱意，我们能撒播传递；面对挫折，我们能乐观积极；面对朋友，我们能真诚宽容；面对诱惑，我们能自省自律；面对生活，我们能开朗幸福。

优秀的品质使得我们的外在美与内在美得到统一，让我们在心态上更加成熟，在能力上不断提高，在人际上更有吸引力，幸福感越来越强。我们要从不谙世事向优秀转变，就需要从现在开始有意识地培养我们的优秀品质。因为这个时期是我们形成稳定的性格的关键阶段，也是培养优秀品质的重要时期。拥有优秀的品质，对一个人来说，将是终生受益的。

本书将向你呈现对我们成长非常重要的 30 个优秀品质。本

书中，每一个品质，都演绎了一段故事，有家喻户晓的名人，也有普普通通的老百姓。书中还告诉大家，我们为什么要拥有这些品质，并传授一些小技巧，以便我们在生活中，自发地去培养。讲述完每个品质后，还加入了有趣的心理学实验或者心理效应，带领大家领略美妙的心理世界。最后，有一小段关于这个品质的总结或者警语，来帮助大家更好地领会和掌握。

　　美玉需要不断打磨，人生也需要不断去磨炼。优秀品质的培养是一个漫长而痛苦的过程。愿这本书，能在你努力转变为优秀的过程中，助你一臂之力。

编　者

目 录

　　爱——每个人听到它都会感到温暖、温馨。在我们生活中有父母之爱、师生之情、朋友之爱等等,甚至有来自陌生人的爱。爱的价值难以用金钱衡量,心藏龌龊的人甩出的一大把金币,有时还不如贫穷的善者脸上的一丝微笑。爱,虽然看不见,摸不着,却在默默地温暖着我们的一生。

　　生命是舟,注定要在生活的河流里破浪航行。在生活的河流里,有碧波荡漾也有逆浪翻卷,有水缓沙白的平川也有礁石林立的急弯险滩。放舟平湖、一帆风顺只是天下人的一个痴愿。

因此，我们不仅要学会在顺境中生活、工作和学习，更要学会在逆境中奋斗、拼搏，即使是在痛苦的时候，我们也要笑着流泪。

我们每个人都渴望真诚的友情，渴望被社会接纳，被他人认可。在与人交往中，我们需要注意修身养德，这样才能在纷繁复杂的社会中找到立身之处。让我们用宽厚的双肩来承担责任，用广阔的心胸包容差异，与朋友坦诚相待，正直守信，成为一个值得信赖的人。

有些人总是喋喋不休地谈错失的机会，或者空谈梦想。如果你想在收获的季节果实累累，那么，必须在耕作的时节辛勤播种。唯有行动能弥补已经失去的，搭建通往胜利的桥梁。克服你的惰性，用果断抓住机遇，用执着点燃火炬，将理想付诸实践！当然,在前进的过程中,我们要自我约束,时常反省,这样才能少走弯路,并乐于将快乐与收获拿出来和他人分享。

第五篇 完善篇 ……………………………………… 147

我们需要走走停停,多思考,如何让我们的生活更有品质,让自己更加完善。譬如,给生活添加点幽默,让智慧在岁月中沉淀等等。我们努力地学习,给自己充电,努力让自己做得更好。在不断追求的过程中,你是否真的清楚自己想要的是什么,是物质上的充裕,还是精神上的富足。只有多听听内心深处的声音,才能触摸到幸福。

第一篇 仁爱篇

爱——每个人听到它都会感到温暖、温馨。在我们生活中有父母之爱、师生之情、朋友之爱等等，甚至有来自陌生人的爱。爱的价值难以用金钱衡量，心藏龌龊的人甩出的一大把金币，有时还不如贫穷的善者脸上的一丝微笑。爱，虽然看不见，摸不着，却在默默地温暖着我们的一生。

1 让爱在心灵深处生根（仁爱）

生活因为有爱才幸福甜蜜，生命因为有爱才有意义，世界因为有爱才多姿多彩。没有爱的世界将是一片沙漠，只剩冷漠和无情。爱，可以很简单，不一定轰轰烈烈。一句慰藉的话语，一个信任的眼神，一双温暖的援手，都蕴含着深深的爱。只要我们有一双善于发现爱的眼睛，有一份去施与爱的责任，我们的生活就会永葆快乐，我们的生命中就有爱在流淌。

成长之路

在美国德克萨斯州一个风雪交加的夜晚，一位名叫克雷斯的年轻人因为汽车"抛锚"被困在郊外。正当他万分焦急的时候，有一位骑马的男子恰巧经过这里。见此情景，这位男子二话没说便用马帮助克雷斯把汽车拉到了小镇上。

事后，当感激不尽的克雷斯拿出不菲的美钞对他表示酬谢时，这位男子说："这不需要回报，但我要你给我一个承诺，当别人有困难的时候，你也要尽力帮助他。"于是，在后来的日子里，克雷斯主动帮助了许许多多的人，并且每次都没有忘记转述那句话给所有被他帮助的人。

许多年后的一天，克雷斯被突然暴发的洪水困在了一个孤岛上，一位勇敢的少年冒着被洪水吞噬的危险救了他。当他感谢少年的时候，少年竟然也说出了那句克雷斯曾说过无数次的话："这不需要回报，但我要你给我一个承诺……"克雷斯的胸中顿时涌起了一股暖暖的激流："原来，我串起的这根关于爱的链条，周转了无数的人，最后经过少年还给了我，我一生做的这些好事，全都是为我自己做的！"

生活就像一面镜子，你对它哭，它也对你哭；你对它笑，它也对你笑；当你去爱它的时候，它也会用爱来回报你。人类没有厚实的羽毛来保存体温，没有坚硬的外壳来保护自己，世界给我们设置了各种灾难来考验我们，我们靠爱的力量联合起来，众志成城，一方有难八方支援，无数次战胜了无情的灾害。

爱，很具有感染力。有一位女子刚搬了家，她发现隔壁住了一户穷人家。有天晚上，那一地区忽然停了电，那位女子只好自己点起了蜡烛。没一会儿，忽然听到有人敲门。原来是隔壁邻居的小孩子，只见他紧张地问："阿姨，请问你家有蜡烛吗？"

女子心想："他们家竟穷到连蜡烛都没有吗？千万别借他们，免得被他们抵赖了！"于是，对孩子吼了一声说："没有！"正当她准备关上门时，那穷小孩露出关爱的笑容说："我就知道你家一定没有！"说完，竟从怀里拿出两根蜡烛，说："妈妈和我怕你一个人住又没有蜡烛，所以我带两根来送你。"此刻女子感动得热泪盈眶，将那小孩子紧紧地抱在怀里。

是爱赶走了冷漠。有些人觉得，并不是我们不想去关心别人，也不是我们没有爱心，而是所处的社会就是这样子，人与人之间互不关心，人情冷漠，我们也无能为力。这种观点忽视和低估了我们改变现状的能力，当我们主动伸出援助之手，主动送上关心的问候，别人是不会拒绝爱，不会拒绝温暖的。而爱的温暖会继续传递下去。

　　人和人之间是相互影响的，如果每个人"只扫自家门前雪"，对别人的事袖手旁观，那么人与人之间就会变得很冷漠。但如果每个人都认为自己有施与爱的责任和义务，随着爱的传递，社会将会变得融洽、温暖而和谐。在我们的身边，有很多人在用爱传递着人世间的真情，如感动中国的丛飞，生前一直捐助贫困儿童，他有过一句格言："只要给我生命，我就要奉献。有一年，我就奉献一年。即便我以后不能再唱歌了，我还可以演哑剧和喜剧，一样可以带给别人快乐。"丛飞用他的一生诠释了爱的内涵，诠释了奉献的真谛。

　　我们在没有战争的环境下生活，在明亮宽敞的教室里学习，在幸福的家庭中成长。你可曾想过这些是谁给我们的恩惠，让我们每天都过得这么踏实、自在。这些都是社会、学校、家庭提供给我们的，他们用爱浇灌我们，希望我们可以健康快乐地成长。大树如果没有阳光，就无法向上攀爬；花朵如果没有雨露，就无法绽放娇艳；我们如果得不到关爱，就无法幸福的生活。所以我们也要用我们满腔的爱去回报社会、学校和家人。

　　汶川发生地震后，来自祖国四面八方的人们纷纷伸出了援助之手：大家自发进行募捐，战士冒着余震的危险去救人，还有很多志愿者主动要求去帮助受难者。因为有爱，汶川才能渡过难关，我相信只要我们每个人心中有爱，什么困难都能克服！这次大地震就是个很好的例子，这次事件体现了人与人之间的爱，这种自发的爱，无私而博大，这种爱将在世间流传。

　　我们生活在一个社会集体之中，每个人犹如大海中的一滴水，离开了大海都会干涸，只有互相依存，我们才能在滋润别人的同时，自己也不会干涸。而关爱，让我们可以相扶相助。你付出了真诚的爱和关怀，就会有同样的人在风雨中给你撑起一把伞，在寒风中为你送去贴心的温暖！

　　让我们积极行动起来，为残疾人做些好事，为失学儿童献上一

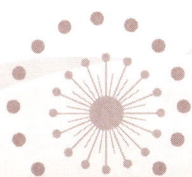

份爱心,为灾区朋友们捐出心意,让爱在心中扎根。爱,可以简简单单:只需多一声问候,少一句辱骂;多一声祝福,少一份暴躁;多一个笑容,少一丝冷漠;多一份乐观,少一缕消极。你会发现,爱就围绕在我们身边。

心理加油站

"爱"对于我们来说,好像是一种无形的东西,看不见、摸不着,只有用心才能感受得到。可是我们常常因为习惯于接受爱而变得麻木以至于感受不到它的存在。但是只要你用心去感受,你就会发现爱就在我们身边,无时不在、无处不在!

善于发现

大自然给了我们很多恩泽,清晨的阳光,甘甜的雨露,漂亮的雪景等;社会为了让我们能轻松享受到更多的资源,专门设立了少儿电视频道、学生优惠券等,还经常向我们宣传消防安全等知识,希望我们能更好地保护自己;还有热情奉献的老师,无私伟大的父母,互相帮助的朋友等等,他们对我们都倾注着无限的爱,我们要时刻用一颗感恩的心来感谢所有爱我们的人。

从细节做起

爱体现在每一个细节,每一件事上。看到花坛里花朵争相开放,请俯下身子用心欣赏;早晨上学的途中,给路人一个灿烂的微笑;上课时,认真学习和思考;同学帮你捡起掉在地上的书本,说声谢谢;看到蹒跚的老人过马路,赶快去搀扶着她过马路。坚持这样,心情自然会变得愉悦,而且是因爱而愉悦。

参加公益活动

积极参加援助贫困地区失学儿童的"希望工程"、"春蕾计划"等;支援灾区人民,特别是受难的儿童;争做志愿者,给身边需要帮助的人进行募捐等。这些公益活动让处在困境中的人们得到了援助,我们也因此感到欣慰,生活将变得更充实,更有意义。

心理空间

美国心理学家哈洛用实验证明,仅在物质上给予满足,还不足以形成依恋,更重要的是心理上的满足。哈洛用两个"代理妈妈"来养育刚出生不久的小猴子,一个代理妈妈是铁丝做成的,在它胸前安有一个奶瓶,另一个是用软布做成的,但不安奶瓶。

俗话说:"有奶便是娘",如果按照这个解释,小猴子应该是经常爬到有奶瓶的铁丝妈妈的身上,然而结果却并非如此。小猴子对铁丝妈妈很冷淡,只是在肚子饿、需要吃奶的时候才到铁丝妈妈身上,却对布妈妈显示出强烈的喜爱之情。

这个实验说明,小猴子对妈妈的依恋并不是因为有奶吃,而在于有温暖、柔软的接触。发展心理学认为,母亲与孩子的身体接触对消除孩子的不安,对孩子性格、情绪的形成都发挥着重要的作用。由此可以看出,爱不仅仅是物质的付出,更重要的在于感情的交流和生活的关心、帮助等非物质的东西。

小贴士

我们要善于发现爱,也要善于表达爱。是爱点亮了世界,是爱在传递着春天的讯息。

2 灵魂里最美的音乐(善良)

"人之初,性本善",善良是人的本性,有人说,善良也是灵魂里最美、最动人的音乐。生活中处处都有善良,它是心存善意,不恶意伤人;它是宽宏大度,不记恨别人;它是心怀感激,不冷眼旁观;它是善待生命,远离残暴;它是扶助贫困,无私奉献……善良就是拥有一颗美好的心灵,去关爱周围的世界。点亮一盏心灯,照亮了别人,也照亮了自己。

成长之路

一对老夫妇,托儿子的福,有机会去英国伦敦旅游并小住。因为语言不通,无法与人交流,只有老头儿老太太两人散步观光。有一天散步到了不受城市噪声干扰的圣保罗大教堂附近,老太太突然在鹅卵石铺就的道路上看到一枚硬币,俯身拾起来一看,是一枚2便士的硬币。是谁粗心大意把钱丢了?老头儿打趣地说:"你不用抬头观赏风景了,不如低头拾硬币吧。"说罢两人相视一笑。真的,一路走回家,共拾到了23便士。

晚上,老两口对儿子说:"英国人怎么这样粗心大意,居然有那么多人丢失硬币,一路上拾到不少钱。"儿子笑着说:"爸、妈,这里面有个道理你们不知道,要是知道了,你们再也不会拾路上的硬币了。"老头儿老太太睁大了眼睛,想知道个究竟。

儿子接着说:"你们要真拾硬币,每天都能拾到不少,但一般英国成年人都不拾路上的硬币,哪怕是 5 便士的。"儿子接着说下去:"因为伦敦也有非常穷困的人,尤其是贫穷人家走失的孩子,他们就靠路上的这些硬币买个面包什么的充饥,这些硬币其实是好心人有意无意丢在路上的……""噢,天哪!"老头儿老太太惊愕地感叹着:"我们竟然夺了别人的口粮。"

后来,这对老夫妇散步时见到路上的硬币,再也不拾了。不但不拾,还有意识地扔些硬币在路上。听着硬币落地的声音,清脆而优美,他们心里涌起一阵阵喜悦。

善念是一粒种子,善心是一朵花,善行是一枚果实。每个人生下来的时候,都怀揣着这样一粒种子,然而有的人丢弃了它,逐渐变得冷漠;有的人玷辱了它,最后走向邪恶;值得庆幸的是,更多的人让这粒种子在心底生根发芽,开花结果。

没有谁不需要善意的关怀,也没有谁不会被善良感化。即便是自私的人,尽管自己不愿为别人拿出善意,却也希望在交往中,得到别人善意的呵护与抚慰。即便是一颗坚硬如铁的心,坚船利炮般攻不破、打不败,有时候,一丝善良就可以把它温柔地感化。

善行的大小,并不是用金钱来衡量的,而是取决于它对他人产生的影响。尽管你能拿出的只是一元钱,只是一个关爱的眼神,所行的依然是人间大善。最高境界的行善,是不求回报的。因为行善不是往银行里存钱,所以不要想着连本带利的回报。

英国人将硬币扔在道路上,让需要的人自己去拾捡,既帮助了别人,又维护了受施者的人格尊严,做到了两全其美。善良无需张扬、不图回报,悄悄地表达是最好的。

每个人心中都有善良而敏感的一隅,感动就是心中这块柔软的地方被触动了。内心拥有善,心弦才会被拨动,才会萌发善念,做出善举。内心拥有善,才会看见弱小而自觉前去扶助,才会看见贫穷而情不自禁地产生同情,才会看见寒冷而愿意去雪中送炭。

善良是我们内心最宝贵的财富,是灵魂里最美的音乐,也是华夏民族最可贵的传统美德。善良的人外表不一定美,但他的内心一定很美。拥有一颗善良的心,远胜过任何服饰、珠宝的装扮。善良带来的美丽,不仅发自内心,溢于言表,而且持久芬芳。

在日常小事中,在生活的细微处,多一点儿感同身受,多一点儿体贴和理解,就是最珍贵的善良。在你为别人付出的同时,你也会得到上天回报给你的礼物。看到流浪的小动物,送去一点充饥的食物;看到路边的乞丐,没有麻木地一走而过;看到贫困山区的孩子忍受着饥饿和寒冷,缺乏教学资源,你将储蓄罐里辛苦积攒起来的零花钱寄到山区;对手遭遇了不幸,没有幸灾乐祸、落井下石,而是伸出了援助之手……这些都是善。也许你会遇到一些阻碍,但阻挡爱心的只会是你内心的冷漠。只要你有信念,爱的暖流就一定能翻越重重阻拦。

在你帮助他人的同时,你也会感到小小的快乐,这就是上天回报给你的礼物。社会心理学家认为:善良不仅是完善自我的"催化剂",而且是养生健身的"营养素"。因此,每个人都应该注意加强这方面的道德修养。

不是每一种感动都以流泪来表达,不是每一种善良都以华丽的服饰出场。有时候,静悄悄的善良如春天的细雨——润物细无声。纽约一所公立学校,为了让贫困的学生在冬天不受冻不挨饿,寒假期间照旧开放,并为了维护贫困孩子的自尊,不让他们感到自己是受到了特殊对待。静悄悄的善良没有张扬,没有轰轰烈烈,更让人觉得温馨和感动。

心理加油站

虽然说,"人之初,性本善",但是善的本性也是要去加以呵护和引导的,这样才能形成心地善良、主动关心他人的品质。我们可以从下面三个细微之处着手,有意识地培养自己这方面的品质。

1. **爱护动物**。亲自照料小动物,在此过程中学会体贴入微地照顾弱小的生命。除了负责喂养,注意观察小动物的成长外,还可以利用自己积蓄的零用钱捐助拯救濒临灭绝的动物。

2. **同情弱者**。主动帮助盲人、老人过马路,为遇到困难的同学排忧解难等,都是善良的表现。仰慕强者是人之常情,而同情弱者更是美好心灵的体现。

3. **宽容待人**。"宽容待人"被德国人普遍认为是一个人"善良品质"的一个方面。学会宽容,可以化解矛盾,化干戈为玉帛。一个宽容的人,对别人没有百般挑剔,也没有尖酸刻薄,一个宽容的人,也是一个善良的人。

心理空间

美国费城的德莱克塞拉大学的斯蒂文·普拉特克和纽约州立大学的医学专家小组成员在奥尔巴尼市进行了一项实验,得出这样一个结论:心地善良的人更容易打哈欠。他们首先选择了一些志愿参加实验的人,在进行实验过程中给接受实验的人们播放录像和可以催眠的音乐,录像是频频打哈欠的图像。

经过仔细观察志愿者的表现,他们发现,接受此项实验的40%

至 60% 的人就像受了图像中的人影响似的频频打起哈欠来,而有些人则丝毫不受图像的影响。医学专家们继而对他们进行了心理测试,测试结果显示:不打哈欠的人属于心肠硬、近似冷酷的人。他们不善于设身处地地替别人着想,做事不讲策略,容易引起别人的反感。相反,受到打哈欠图像影响的人则属于善良、敏感、容易动情的类型,很容易博得别人的好感。

善良的人有较好的换位思考的能力,能够设身处地地替别人着想,理解别人,愿意帮助别人以减少他人的痛苦,同时也比较容易受到他人的影响。

 小贴士

用自己的实际行动做春天的使者,每一天都去播撒善良的种子,让爱在世间传递。我们不能让激烈的竞争和多样的诱惑浇灭善良这盏心灯,这盏心灯在照亮别人的同时,也照亮了我们自己。

3 人无礼则不立（礼貌）

一个人的形象是一封无字的介绍信，一举一动、一言一行、穿着装扮就是信上的内容。试问，一个举止粗俗、满嘴脏话、随地吐痰的人能受到人们的欢迎吗？答案必然是否定的。这样的人纵然学识渊博，满腹经纶，也不会受到人们的欢迎。所以，养成讲文明、懂礼貌的习惯对我们来说很重要。

成长之路

1962年，周恩来总理到西郊机场为西哈努克亲王和夫人送行。亲王的飞机刚起飞，我国参加欢送的人群便自行散开，各自找车准备返回。而周总理这时却依然笔直地站在原地未动，并要工作人员立即把那些登车的同志请回来。这次周总理发了脾气，他狠狠地批评了那些同志："你们怎么搞的，没有一点礼貌！各国外交使节还在那里，飞机还没有飞远，客人还没有走，你们倒先走了。大国这样对小国客人不是搞大国沙文主义吗？"

当天下午，周总理就把外交部礼宾司和国务院机关事务管理局的负责同志找去，要他们立即在《礼宾工作条例》上加上一条，即今后到机场为贵宾送行，须等到飞机起飞，绕场一周，双翼摆动三次后，送行者方可离开。

文明礼貌表现的是一个人的道德修养水平。所谓"礼"，是以得当的态度和行为来表示对他人的尊敬。当我们接触一个人之后，常常会给他一些评语："这个人有教养，谈吐文雅"；或者，"这个人太差劲，俗不可耐……"

文明礼貌是一张镀金名片，能让你给他人留下美好的第一印象，拥有一个良好的人际关系，在这个充满竞争与合作的时代，它也成为了人生成功的助推器。一个素质高、有教养的人，必然有良好的文明礼仪。这样的人，才会被人尊重，受人欢迎。为此，我们更应该从小培养良好的文明礼貌习惯。在校园，在家中，在各种公共场所，都不要忘记文明礼貌。文明礼貌不是靠一个人遵守的，它靠的是我们大家，只要人人都讲文明，讲礼貌，那么社会将变得更加和谐美好。

文明礼貌不仅代表着个人，有时还代表着国家的形象。北京奥运会上，热情服务的志愿者，笑容可掬的礼仪小姐，遵守赛场规范的观众，给外国友人展现了一个良好的大国形象。我们要将自己的形象与祖国的形象联系在一起，尤其是在外国友人面前，要时刻注意自己的言行举止是否符合"礼仪之邦"子民的身份。

心灵感悟

敬爱的周恩来总理用个人魅力征服了全世界，被誉为"第一美男子"和"最具有魅力的领导人"。他所具有的文明谈吐、礼貌举止和气质风度，正是他那高尚的品德、宽阔的胸襟、超群的智慧的体现，是我们学习的榜样。人们形容周总理"像鸟儿爱护羽毛一样维护自己的仪容"，因为他把自己的形象与祖国的利益融为一体，努力塑造着一个泱泱大国的总理形象。

文明礼貌是人类素质最基本的要素，四岁的孔融就懂得了尊老爱幼，"程门立雪"成为尊师重道的美谈，孔子认为"不学礼，无以立"。文明礼貌主要包括四点：①谦虚礼让；②谈吐文明；③举止端庄；④讲究卫生。在现代社会，讲文明、懂礼貌依旧是大力弘扬的美德。遗憾的是，在现实生活中，还有很多不讲文明、不懂礼貌的现象出现。比如，在公共场所随地吐痰，乱扔垃圾；在校园里，追逐打闹，踩踏草坪，损坏公物；听他人讲话时，东张西望，不屑一顾；上公交车时，蜂拥而上，争抢座位。同学们不妨想一想，这些现象在你身上会发生吗？

2001 年 9 月《北京青年报》上登载了一条消息：一个 15 岁的少年因为环卫工人制止他乱扔纸屑，盛怒之下满口污言秽语，还对那位女清洁工拳打脚踢。此事在社会上引起了很大反响。许多市民纷纷表示出了极大的愤慨。孩子如此蛮横，的确让人痛心疾首。

鲁迅先生当年曾尖锐抨击过的"上溯祖宗，旁及姐妹，下连子孙，遍及两性"的"国骂"，竟然在一些孩子的嘴里如同炒豆子一样噼啪乱跳，令大人都瞠目结舌。有时，也许从孩子口中飞出的污言秽语没有任何针对性，似乎也没有给任何人造成心灵上的伤害，但脏话毕竟刺耳，会破坏一个人的形象，同时也妨碍正常的人际交往。

我们从小接受文明礼貌的教育，很多同学都可以滔滔不绝地大谈文明礼貌。我们是"语言的巨人，行动的矮人"吗？不，我们不是！我们既然接受了文明礼貌的教育，就应该自觉遵守文明礼貌的规范，培养讲文明懂礼貌的习惯，学会怎样待人，怎样与人相处，包括尊老爱幼、尊敬师长、遵守秩序等多方面的内容，这些都是非常有必要的。

文明礼貌是人类必备的基本素质之一，想要成为一个讲礼貌、懂文明、有教养的人，需要养成文明礼貌的习惯，这需要我们从一点一滴做起，并非一朝一夕形成的。可以从下面几个方面做起。

首先：掌握必要的文明礼貌常识

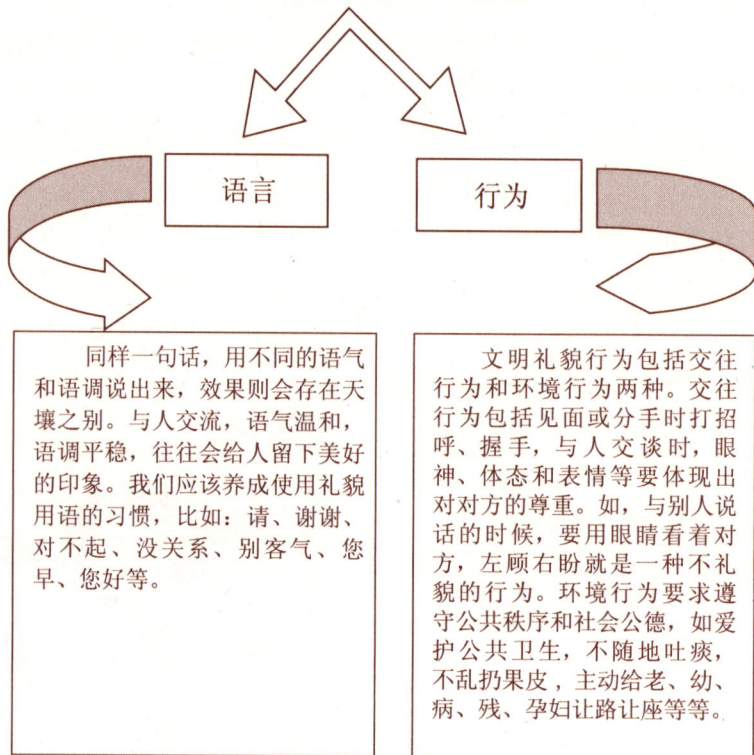

语言	行为

同样一句话，用不同的语气和语调说出来，效果则会存在天壤之别。与人交流，语气温和，语调平稳，往往会给人留下美好的印象。我们应该养成使用礼貌用语的习惯，比如：请、谢谢、对不起、没关系、别客气、您早、您好等。

文明礼貌行为包括交往行为和环境行为两种。交往行为包括见面或分手时打招呼、握手，与人交谈时，眼神、体态和表情等要体现出对对方的尊重。如，与别人说话的时候，要用眼睛看着对方，左顾右盼就是一种不礼貌的行为。环境行为要求遵守公共秩序和社会公德，如爱护公共卫生，不随地吐痰，不乱扔果皮，主动给老、幼、病、残、孕妇让路让座等等。

第二：培养自尊与尊重他人的意识

文明礼貌的习惯看起来是一种外在行为表现，实际上它与人的内心修养，特别是与人是否具有自尊与尊重他人的意识有着十分密切的关系。自尊就是自己尊重自己，不容受到侮辱和歧视，维护自己的人格尊严，争取获得好的社会评价。正常人都有自尊心，欲自尊须先尊重他人。文明礼貌习惯实际上也是人满足自尊心的一种重要的手段。

第三：学习如何招待客人

爸爸妈妈的朋友、同事、同学、亲戚来家中，我们作为家中的小主人，掌握一些待客的基本行为规范是十分必要的。听到敲门声，打开门后，要说"请进"；见了亲友按称谓主动亲切地问好；拿出茶点热情招待；小客人来家中，应主动拿出玩具与小客人玩；共同进餐时，未完全入席前不得动餐具自己先吃；客人离开时要说"再见"，并欢迎客人再来。

心理空间

让别人对自己形成某种印象的过程，在心理学中称为印象管理，也叫自我呈现，由美国著名的社会心理学家欧文·戈夫提出。

心理学家巴朗做了一项很有意思的研究：他分别请一些男、女大学生对一名女性求职者（实际上是由巴朗的助手扮演的）进行面试，这位女性应聘的是一个初级工作岗位。在所有的面试程序中，她使用的是完全相同的语言信息，但在非语言信息的使用上采用两种方式：一种是大量使用积极的身体语言，如面带微笑、点头、身体前倾、认真注视考官等；另一种情况则不使用任何积极的身体语言。另外，她身上还有另一个不同，即擦香水和不擦香水。结果发现，如果这位女性求职者只使用积极的身体语言或只是擦香水，男性面试考官对她的评价比不使用任何身体语言要高。但是，如果她既使用积极的身体语言又擦香水，男性面试考官就会降低对她的评价，而在女性面试考官身上却没有发现这种差异。巴朗的研究表明，印象管理在面试过程中的作用是比较复杂的，过犹不及，重要的是恰如其分。

目前，印象管理被广泛地应用于求职面试中。应聘者的印象管理包括语言的呈现和策略性行为，有助于应聘者在短期内树立良好的形象，让自己看起来更具吸引力。大多数应聘者的印象管

理策略是一种社会礼仪性质的常规行为,这种行为反映一个人的修养和素质。但是如果考官意识到一些应聘者使用了过分虚假的印象管理策略,他们对后者的印象就会大打折扣,对他们的任何表现都会持嘲笑鄙夷的态度,以至于他们真正的优秀品质也会"城门失火,殃及池鱼"。

小贴士

　　事实证明,在人际交往中,有意识地注重文明礼貌,有助于体现自己良好的气质,可以有效地增加别人对我们的好感,增加别人对我们的接纳程度,给他人留下良好的印象。但是我们对自己的形象管理要恰如其分,不能过犹不及,不然会让人产生矫揉造作、哗众取宠的感觉。

4 尊重别人是一种美德(尊重)

一个人如果希望得到尊重,首先要学会尊重别人,包括尊重朋友、同学、长辈,甚至陌生人。尊重常常与真诚、谦虚、宽容、赞赏、善良相得益彰。给成功者以尊重,表明了自己对成功者的敬佩、赞美和追求;给失败者以尊重,表明了自己对失败者的同情、安慰和鼓励。不懂得尊重的人,常常会在不经意间伤害到别人,也会伤害到自己。

成长之路

据说,在美国印第安保护区有个原始部落,在集会时有个规定,就是得赤身裸体地一起活动,这个特别的风俗,让他们饱受外人的白眼与嘲笑。但即使如此,他们仍然不愿改变这个传统。

有一年,这个原始部落发生瘟疫,全部的族人几乎都被感染,于是他们决定到邻近的城镇里,邀请一位当地的医生前来帮助他们治病,然而这位医生一想到他们的传统,便感到相当为难。但是,看着跪在地上的求助者,医生的使命感与责任感被不断地激起,最终他还是勉强地答应了。

为了迎接医生的到来,原始部落的族人们紧急开会,决定为了尊重这位名医,他们破例穿上衣服。当天所有人都穿上了衣服,有的人甚至打上了领带,聚集在教堂里,等待医生的到来。悠扬的钟声响起,医生缓缓走了进来,然而眼前的情景,却让在场的每一个人都愣住了,这也包括医生本人。因为,医生背着沉重的医疗器材走进来时,身上居然一丝不挂。

马斯洛需要层次理论认为,人人都有被尊重的需要。每个人都有自尊。自尊和自卑是一对双胞胎,处理不好,很容易给人造成打击,或许从此留下阴影。那个被你伤害的人要么远离你,要么憎恨你。因此,我们在与人交往时,特别是面对一些"脸皮较薄"、敏感的人的时候,一定要考虑到他们的自尊心。

大千世界是丰富多彩的,不同的人有不同的生活习惯,不同的兴趣爱好,不同的思维方式,不同的价值观,也正因为有了这些不同,才构成了世界的多样性。我们可以坚持己见,坚持自己的风格,但我们没有理由也没有资格用不屑一顾的态度去轻视他人、嘲笑他人,更不应侵犯他们的生活方式,一切都必须以尊重为前提。

人与人之间的关系是相互的,就像弹力球一样,你用多大的力将其打到墙面上,球便会以相同的力道从墙面上弹射回来。所以,想要得到他人的尊重,首先要学会尊重他人。有这样一个有趣的故事:一个小孩不理解见到大人为什么要主动问好,缺乏礼貌意识。聪明的妈妈为了改正他这个毛病,把他领到一个山谷中,对着四周的群山喊:"你好,你好。"山谷回应:"你好,你好。"妈妈又领着小孩喊:"我爱你,我爱你。"山谷也喊道:"我爱你,我爱你。"小孩惊奇地问妈妈这是为什么,妈妈告诉他:"朝天空吐唾沫的人,唾沫也会落在他的脸上;尊重别人的人,别人也会尊重他。因此,任何时候都要学会尊重别人。"

生活中,最珍贵的礼物就是尊重。每个人收到这个礼物时,都会感到幸福和自豪。而对于馈赠这个礼物的人来说,他也会感受到同样的幸福和充实。在这个世界上有形形色色的人,也正因为有了他们,生活才变得五彩斑斓。让我们彼此接纳,而不是互相排斥;彼此尊重,而不是互相嘲笑,在这样一个大熔炉中体验多彩多样的生活。

　　原始部落的族人与医生互相尊重,族人为了不让医生尴尬而破例穿上了衣服,医生不但没有因为奇怪的习俗嘲笑他们,反而用自己的行为来表达对他们的尊重。面对别人与我们的差异和不同,如果我们没有真正去理解,而是浅薄的嘲笑,这只能证明我们的肤浅。即使是一些不好的习惯或方式,我们可以不去学习和效仿,但是我们没有理由去嘲弄和取笑。每个人都拥有属于自己的特色,

我们无法要求所有的人都一样,我们需要用一颗理解和宽容的心来求同存异,尊重他人。

　　尊重他人的习惯表现在日常生活的细节之中。如尊重他人的宗教信仰和民族习惯,敬老爱幼,尊重妇女,不歧视残疾人,主动问候长者,不给同学起侮辱性绰号,不看他人信件和日记,不随意打断他人讲话,不打扰他人学习、工作和休息,妨碍他人要道歉等等。这些细微的生活习惯看似平凡而琐碎,但它们能够反映一个人的道德素养。

　　在我们的周围,有这样一些人,似乎天生"火眼金睛",能一眼看出别人的"轻重"。他们一眼看过去,首先看到的不是一个个活生生的有血有肉和自己一样的人,而是他们的地位、身份、财富,那眼神随之忽高忽低,那腰身也是忽直忽曲。这些反映出他们在人

格上的"自轻",有道是"自轻者人必轻之",想换来别人对他的尊重恐怕也很难。

与人交往,无论对方的地位高低、出身贵贱、家境富贫、相貌美丑,我们都要尊重他的人格,使别人感到他在你的心目中是受欢迎的。即使是在向他人提出批评时,也要注意不能伤害他人的自尊心。有人说,人人懂得尊重他人,世界就是一个充满爱意、温暖的文明世界,人人总想歧视别人,世界就是一个充满仇视、嫉妒的野蛮世界。

尊重会让受到尊重的人感受到温暖和接纳,使自卑者树立自尊,使处境窘迫的人找回自信。尊重所给予的鼓励是不能用金钱来衡量的,唯有重新拾起了自尊和自信,才能做到自立和自强。

心理加油站

一个人只有懂得尊重别人,才能赢得别人真正的尊重。我们可以从下面五个方面来表达我们对他人的尊重。

1. 在心理上尊重别人。 人有地位高低之分,但人格无贵贱之别。我们在心理上必须牢记:"每个人在人格上都是平等的"这一信条,不以位高自居、自足、自傲。只有在心理上有尊重别人的意识,才可能做出尊重别人的行动。

2. 在角色上尊重别人。 要善于根据时间地点的变化而变换角色,否则容易造成不尊重别人的场面。例如对方是一位长者,那么在称呼上要礼貌,在语气上要委婉,在语速上要和缓,在话题上要投其所好,这些都体现了对长者的尊重。注重场合也很重要,比如在朋友的生日宴会上尽量少谈扫兴的话题。

3. 在态度上尊重别人。 在交际过程中注意倾听别人的谈话。谦虚待人,礼貌待人,实事求是地评论人或事是尊重别人的表现。在不耐烦的时候,跷"二郎腿",甚至上下摆动,容易被看做是轻佻的表现和傲慢的外露,是对他人的不尊重。

4. 在名字上尊重别人。 名字是一种属于自己所有而被他人使用的东西，人们总希望自己的名字能被更多的人知晓。如果在街上碰到昔日的一位同学，在相别多年后仍然能直接喊出他的名字，一定会使对方欣喜万分，因为在他看来，记住他的名字是对他的极大尊重。若是"喂喂……"个不停，那么对方对你又是"别有一番滋味"在心头。

5. 在时间上尊重别人。 假如要参加一个同学聚会，应当准时赴约，不可姗姗来迟，否则让那么多同学等你，也是对他们的不尊重。

尊重他人看似是一个简单的道理，但实践起来并不容易。如果做到了尊重他人，得到的将是别人的掌声和赞赏。

心理空间

研究人员发现，"读名效应"在朋友和上司对你的印象中起着重大影响。

美澳两国的科学研究小组发现，一个人的名字越容易读，成功的几率越大。他们的研究发表在《实验社会心理学杂志》上，研究结果还表明，简单的名字可以提高人们交到新朋友的能力。研究负责人西蒙·拉罕博士说，人们对名字容易读的人普遍持更正面的看法。但人们一般不会意识到姓名会使其他人对他们的判断产生微妙的影响。

"读名效应"在朋友、上司对你的印象中起着重大影响，主要是因为，容易读的名字更容易被记住。因此我们在工作和生活中要努力让别人记住我们的名字，同时从尊重别人的角度出发，也要记住别人的名字。当然，"读名效应"并不等于成功，成功的关键还是要靠不断提升自己。

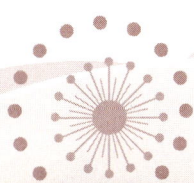

　　我们没有理由也没有资格用不屑一顾的态度去轻视他人、嘲笑他人。真正的尊重,应是一种对他人不卑不亢、不仰不俯的平等对待,同时也是一种对他人人格与价值的充分肯定。

5 百善孝为先(孝顺)

鸟儿在母亲的哺育下长大了,母亲却日渐年老体衰,再也飞不动了。这时候,小鸟便将寻觅来的食物喂到母亲的口中,回报母亲的养育之恩。动物尚知道"孝",何况人呢? 从我们呱呱落地那天开始,父母就对我们倾注了全部的心血,养育的恩情比天高,比海深,所以孝敬父母是天经地义的。孝顺是爱父母的一种表达方式,是感恩,是一种责任和义务,更是一种幸福。

成长之路

1993年一场突如其来的车祸夺去了父亲年轻的生命,看着瘫痪在床的母亲,年仅4岁的张晓用自己稚嫩的肩膀挑起同龄人不能承受的家庭重担,克服了常人难以想象的各种困难,为瘫痪的母亲撑起一片晴空。

由于年龄小够不着锅台,张晓就踩着一个小凳子趴在锅台上做饭。刚开始,当他把做得半生不熟的饭端到母亲床前,一勺一勺喂给母亲时,母亲的心像刀割一样难受。到了张晓上学的年龄,贫困的家庭无钱供儿子上学。母亲常常发现张晓心事重重地坐在门前,看着背着书包上学的小学生沉默不语,她的心都碎了。小学报

名的前一天晚上，母亲流着眼泪告诉儿子："妈妈就是砸锅卖铁也要让你上学。"1997年9月，张晓终于上学了，他一边学习一边照顾母亲。在学校里，张晓的学习成绩一直名列前茅，年年都是班里的"三好学生"。

自从上学后，张晓每天都要5点钟起床，为母亲穿衣、解手，再替母亲洗脸、梳头。做完这一切，张晓就去烧开水，将开水盛在大水杯里，放在母亲能够得着的地方。接着，张晓为母亲做早饭，等母亲吃完，他收拾好碗筷，这才背着书包去上学。中午一放学，张晓就跑回家，伺候母亲解手、做饭、做家务。晚饭后张晓还得为母亲洗脚擦身，一直忙到晚上12点后才能休息。邻居说，周末从来没有见过张晓和同学一起玩，他在家不是干家务就是照顾母亲，有一点空闲时间就趴在桌子上学习。家里生活困难，张晓就利用假期到洗车行打工，挣点钱贴补家用。

因无钱交电费，张晓忙完家务后，就点燃葵花秆照明写作业。班主任到张晓家进行家访时，看到这个一贫如洗的家庭，发动全班同学向张晓捐款。许多同学知道张晓的家境后，每到星期六，都自发地帮张晓到河滩上捡木柴、拾野菜、挑水，有的同学还从家里拿来馒头，送给张晓和他的母亲吃。提起曾帮助过他的那些好心人，张晓说："我毕业后，一定要报答自己的恩人。"

母亲曾说，孩子太累了，孩子为了她，为这个家受了太多的苦。有几次家里穷得差点揭不开锅，但只要有一口饭，张晓总是先喂给她吃，而自己背着她喝汤。张晓担心自己考上大学后母亲没人照顾，他说："不管怎样，我也要背着妈妈上学。"

"孝"字"老"在上,"子"在下,子女背扶着老人称作"孝"。如今父母对子女的关爱无微不至,却很少给孩子关心父母的机会,娇惯出很多"小皇帝"、"小公主"来。这些"小皇帝"、"小公主"习惯了索取别人的爱,不能体谅父母将其抚育成人的辛苦,父母做得稍不称其心意,就大发脾气,横加指责,父母年老后,更是横看竖看都不顺眼,甚至将年迈的父母赶出家门。这怎能不叫人心寒?古人说:百善孝为先。孝顺是最基本的美德,难以想象一个忤逆的孩子,如何成长为德才兼备的栋梁之材。

　　有无孝敬父母的品质,不单单是子女与父母之间的事,而且还是关系到一个人是否具有关心他人能力的大问题。在家里能养成孝敬父母的好习惯,到社会中,才有可能做到关心他人。

心灵感悟

　　张晓的童年是在艰辛中走过来的,他勇敢和坚强地面对生活,是我们学习的楷模,他对母亲的孝心更是值得发扬。孝敬父母是中华民族的传统美德,有些朝代还将尊老、养老定为制度。据说汉代规定,每年春秋两季,各地要举行尊老养老典礼,并给 70 岁以上的老人赠送礼品。汉文帝还规定,对公认的孝顺儿女给予奖赏。

　　可惜的是,孝顺的美德在现在的孩子身上很少得到体现,我们常常看到这样的家庭生活的场景:吃过饭后,孩子扭头看电视或出去玩耍了,只有父母在那里忙碌着收拾碗筷;家里有好吃的东西,父母总是先让孩子品尝,孩子却很少能想到父母;孩子生病了,父母忙前忙后,无微不至,而父母身体不适,孩子却很少问候。有句俗语说,儿行千里母担忧,母行千里儿不愁。凡此种种,都反映了父母的付出与子女的回报的不平衡。

　　有一位在外地上学的孩子,寄回一封家书,父母收到后喜出望外,但拆信一看,却潸然泪下。原来,来信只写了歪歪扭扭的一行字:

"速寄 600 元。"这个孩子只知向父母要钱,却连一句问候父母的话都没有,全无半点孝心,实在令人心寒。

也许你认为自己现在还小,没有能力来孝敬父母,想等自己长大了再来报答父母的养育之恩。这种想法就大错特错了!孩子哪怕是为父母做了一件很小的事情,父母都会很开心。例如在父母劳累后递上一杯茶,给他们捶捶背揉揉肩,把好吃的省着留给父母等等。

俗话说:"滴水之恩,当涌泉相报",父母对我们的恩情岂止是滴水之恩,父母的爱是最真挚最无私的,我们要用一辈子来报答。所以将来不管我们走到哪里,都要记着爸爸、妈妈,而且更要趁现在他们身边的时候,多孝敬他们。孝顺不仅是让父母吃饱穿暖,身体健康,还包括精神生活上的理解和慰藉,情感上与父母的融洽,以及心灵深处与父母相依相伴的儿女真情。

心理加油站

孝顺是一种后天培养的道德品质。对于我们学生来说,孝敬父母包括尊重父母的意见、关心父母健康、分担父母忧虑、参与家务劳动等,而要把这些要求变为在日常生活中的习惯,我们就应当从日常小事做起。

1. 对照下面几项,看你是否做到了,如果你做到了,就算得上是一个孝顺的好孩子;如果你还没开始做,那就从现在开始吧——

(1)经常问候父母,如,起床问声早、进门忙报到、出门打招呼。

(2)懂得关心父母,如,吃菜让佳肴;当父母劳累时,主动帮助父母揉肩捶背、端茶倒水;当父母外出时,提醒父母注意天气变化;当父母生病时,主动照顾等。

(3)一些力所能及的事情就不要麻烦父母,比如,饭后主动收拾碗筷、自己的衣服自己洗、自己的房间自己收拾。

2. 感受父母的艰辛。要萌发孝心,首先要学会感动。可以通

过参加各式各样的活动来体验父母的艰辛,如观看成长经历的短片,或交流各自家庭保存的自己孩提时代的照片、录像,从一个个生活侧面体会成长的过程中包含着的父母无穷无尽的爱。再如,根据家庭收支情况,以节俭为出发点,拟出家庭一天的生活开支;通过实践,体验爸爸妈妈持家的不容易。

3. **多去敬老院看望老人。**可以利用节假日去敬老院帮助老人打扫卫生、读报聊天等,让那些孤单的老人也体会到儿孙绕膝的感觉。

心理空间

美国心理学家班杜拉提出了观察学习理论,他认为,个体只要通过观察他人在一定环境中的行为和行为的结果,就能学到复杂的行为反应。在早期的一项研究中,他们首先让儿童观察成人榜样对一个充气娃娃拳打脚踢,然后把儿童带到一个放有充气娃娃的实验室,让其自由活动,并观察他们的行为表现。结果发现,儿童在实验室里对充气娃娃也会拳打脚踢。这说明,成人榜样对儿童行为有明显影响,儿童可以通过观察成人榜样的行为而习得新行为。

孝顺也有很强的榜样效应:父母对长辈不孝顺,当他们年迈了,孩子对他们也很可能不孝顺。有一个古老的故事:一对夫妇很不孝,把年迈的双亲撵到破旧的小屋,因怕老人摔破碗,改用小木碗送剩饭剩菜给老人吃。一天,他们看见儿子在刻一块木头,一问,孩子说"我在刻木碗,等你们老了好用。"夫妇幡然悔悟,扔掉木碗,好好孝敬老人,儿子也转变了对他们的态度。

所以,父母的行为对孩子来说,有很强的榜样作用。父母做出孝敬长辈的榜样,孩子在耳濡目染、潜移默化中,也会逐步养成尊敬长辈、孝敬父母的好习惯。

　　父母给予了我们生命和无微不至的关怀,所以作为子女应该尊重和孝敬父母,报答父母的恩情。但孝顺也不代表对父母言听计从,丢掉自己的观点和立场。当与父母发生冲突时,我们要尊重他们,并要努力通过沟通取得父母对我们的理解和尊重。

6 心怀感恩,选择快乐(感恩)

感恩是心怀感激,感激阳光的慷慨,感激生命的顽强,感激父母的无私,感激师长的谆谆教导,感激朋友的一生相伴。多了一份感恩,就少了一份抱怨,多了一份感恩,也就少了一份忧伤。生活不能总是尽善尽美,感恩就是珍惜你现在拥有的,微笑着去创造未来,而不是怨天尤人,哭泣遗失的过去。感恩,就是用歌唱的方式来表达对生活的爱与希望。一个懂得感恩的人,乐于付出,收获到的将是满箩筐的幸福和快乐。

成长之路

老师决定要鼓励每一名学生,让他们知道自己的价值,于是,她想出一个好办法:只要学生有一点进步,她就把他们叫到办公室,在他们的胳膊上系一条蓝丝带。并且告诉他们:这是老师的爱,老师要把爱送给生命中最重要的人,而你就是老师生命中最重要的人。后来,得到蓝丝带的学生越来越多。再后来,每个人都系上了漂亮的蓝丝带,这个班成了学校里最优秀的班级。

一天,老师对大家说:"请把你的蓝丝带送给你身边最重要的人,并且对他说,'你是我生命中最重要的人,谢谢你'。"

有一个男生是孤儿,他苦苦思索该把丝带送给谁,谁是他生命中最重要的人呢？后来他想起来在那个下雨天，是一个哥哥为他撑起一把伞。于是他找到了这个哥哥，把蓝丝带给他系上，并说："你是我生命中最重要的人，谢谢你，请把这个蓝丝带送给你生命中最重要的人吧。"

哥哥很感动。他决定把丝带送给生命中最重要的人。后来他想到部门主管，但主管曾在会议上大肆批评他，害他差点丢了饭碗。可转念想想，是主管带他走进公司，带他了解社会的。于是他把蓝丝带系在这位主管的胳膊上，对他说："你是我生命中很重要的人，谢谢你，请把这个蓝丝带送给你生命中最重要的人吧。"

主管望着丝带，沉默不语。那天晚上，主管回家后，就去找他14岁的儿子，对他说："今天很特别。我的职员送我一条蓝色丝带，并对我说'你是我生命中很重要的人，谢谢你，请把这个蓝丝带送给你生命中最重要的人吧。'孩子，我要把这个蓝丝带送给你。爸爸平时太忙了，晚上回家也没什么时间陪你，有时候我还会因为你在学校的成绩不好，或是把房间搞得乱七八糟而对你吼叫，但这世上除了你的母亲，你就是我生命中最重要的人，你为我的生命缔造着奇迹。我爱你！"

满怀惊讶的孩子突然哭了，他抽泣着，全身颤抖不止，满含泪水地扑向爸爸，哽咽着说："自从妈去世后，我就没有看到你笑过。你一天到晚的忙，我以为你一点都不爱我了，再也不要我了呢。爸爸，爸爸，你也是我生命中最重要的人！"

有位哲人曾说过："这世界上最大的悲剧或不幸，就是一个人大言不惭地说没有人给过我任何东西。"我们的成长，离不开大自然的恩赐，离不开父母的养育，离不开老师的教诲，离不开朋友的友爱，我们无时无刻不在接受着恩泽。我们常常对已经拥有的东西习以为常，理所

当然地接受着恩惠，甚至忽视了它们的存在。不懂得感恩的人，他的世界里没有爱，只有冷漠和绝情。

　　有一首歌叫《感恩的心》，其中有几句：感恩的心，感谢有你，伴我一生——让我有勇气做我自己；感恩的心，感谢命运，花开花落——我一样会珍惜。如果说，爱是人类最崇高的情感，那么，因爱而生的感恩之心则是爱的升华。当爱成为一种鞭策，当感恩成为一种自觉，当我们真诚地感谢他人，我们的生活将因此而更加美好！

心灵感悟

　　学生把蓝丝带送给了曾经给过他帮助的一位哥哥，虽然只是萍水相逢；哥哥将蓝丝带送给了带领他了解社会的主管，虽然主管对他很严厉；主管决定将蓝丝带送给儿子，才发现，生命中虽然已经失去了最爱的妻子，但他还有最爱的儿子。

　　在现实生活中，我们经常可以见到一些不停埋怨的人，"真不幸，今天的天气怎么这样不好"、"今天真倒霉，被老师骂了一顿"、"真惨啊，丢了钱包，自行车又坏了"、"唉，宿舍的阿姨真啰嗦"……这个世界对他们来说，永远没有快乐的事情，高兴的事被抛在了脑后，不顺心的事却总挂在嘴边。就像他们遇到的都是些不开心的事，从来没有开心过一样。

　　感恩就是换一种心态，乐观地看待发生在身边的事情。一次，美国前总统罗斯福家中失盗，被偷去了许多东西，一位朋友闻讯后，写信安慰他，劝他不必太在意。罗斯福给朋友写了一封回信："亲爱的朋友，谢谢你来信安慰我，我现在很平安。感谢上帝，因为第一，贼偷去的是我的东西，而没有伤害我的生命；第二，贼只偷去我部分东西，而不是全部；第三，最值得庆幸的是，做贼的是他，而不是我。"对任何一个人来说，失盗绝对是不幸的事，而罗斯福却找出了感恩的三条理由。

我们总是不满足于现状,执着地追求未知的美好事物,但每当失去了自己曾经拥有的东西时,才后悔地埋怨自己不懂得去好好珍惜。我们埋怨阴雨天气,天放晴却又埋怨干旱;我们埋怨老师给我们的批评,忘了老师深夜点灯批改作业的辛苦;我们埋怨阿姨的唠叨,却忽视她们唠叨背后隐含的关心;我们总在埋怨失去的,却忘了还拥有很多值得珍惜的东西。学会感恩,才能做好目前应该做的事情。

感恩,是快乐的源泉,它总能让我们嗅到阳光的温暖,感受到生活的美好。我们不仅要感恩于洒在我们身上的每一缕阳光,感恩于路人投来的每一个微笑,我们还要感恩生活带来的磨难,是它们磨炼了我们的意志;感恩你的对手,是他给了你前进的动力。当你对生活充满了感恩时,你会觉得自己得到了很多很多。

心理加油站

我们成长的过程中,会得到许多人给自己的关心和帮助,也许我们不能一一回报,但是我们必须怀着感恩的心,对这一切心存感激。有研究发现,简单的感恩练习可以培养快乐。Emmons 和 McCullough 要求实验的参与者把每周要感激的 5 件事记下来,坚持 10 周。研究的结果表明,那组被要求每周记下 5 件让人感激的事情的参与者,比只是简单听了 5 件让人感激的事情的参与者更加快乐,快乐感高了 25%。

如果你对这项研究存在怀疑,你可以尝试做以下这个简单的练习,你仅仅只需几分钟的时间,去想一下你开心的事,还可以再深入地想一下这些事为什么使你开心。

例如:

1. 清晨醒来,感谢崭新的一天的

到来;

2. 今天食堂的午餐味道不错;

3. 我又有了一个优秀的竞争对手,这会促使我奋发向前;

4. 我的新袜子穿着很舒服;

5. 老师的课上得挺有趣的;

自己想到什么就写什么,要根据自己的实际情况来进行感恩。每周甚至每天进行此项练习。不过,一段时间之后,你也许会觉得这练习没有效果了——那是因为你习惯了——尝试着改变你的感恩内容或方式。

通过这种方式,你会发现生活中的快乐越来越多,值得品味的东西越来越多;在一字一句的记录中,人会渐渐变得宽容开朗,更能珍惜生命和善待他人。

心理空间

有一项研究,以大学本科生为研究对象,实验分为三个组:第一组学生记录一个星期最能影响他们生活的 5 个生活事件,第二组学生记录一星期最有压力或恼人的 5 件事,第三组学生记录一个星期中 5 件与感恩有关的事件。实验持续了 10 个星期,并要求他们每周报告自己的情绪状态。

研究结果发现,与另外两个小组比,感恩组的学生对整体生活有更高的满意度,并对未来一周的生活更加乐观。也就是说,将注意力放在感恩活动上,有助于提高幸福感和乐观情绪。

心理学研究显示,使用消极、贬义的词语,即便只是自言自语,也会使得你的心情变糟。所以,如果你还在寻找快乐,就让你的头脑里充满积极的想法,大声地表达感谢和支持,寻找周围值得感恩的人和事。

我们只有学会感恩，才能擦亮蒙尘的心灵而不至麻木；只有学会感恩，才能积极地面对生活；只有学会感恩，才能更加珍惜现在；只有学会感恩，才能拥有富足而美好的生活。

第二篇 自信篇

　　生命是舟，注定要在生活的河流里破浪航行。在生活的河流里，有碧波荡漾也有逆浪翻卷，有水缓沙白的平川也有礁石林立的急弯险滩。放舟平湖、一帆风顺只是天下人的一个痴愿。因此，我们不仅要学会在顺境中生活、工作、学习，更要学会在逆境中奋斗、拼搏，即使是在痛苦的时候，我们也要笑着流泪。

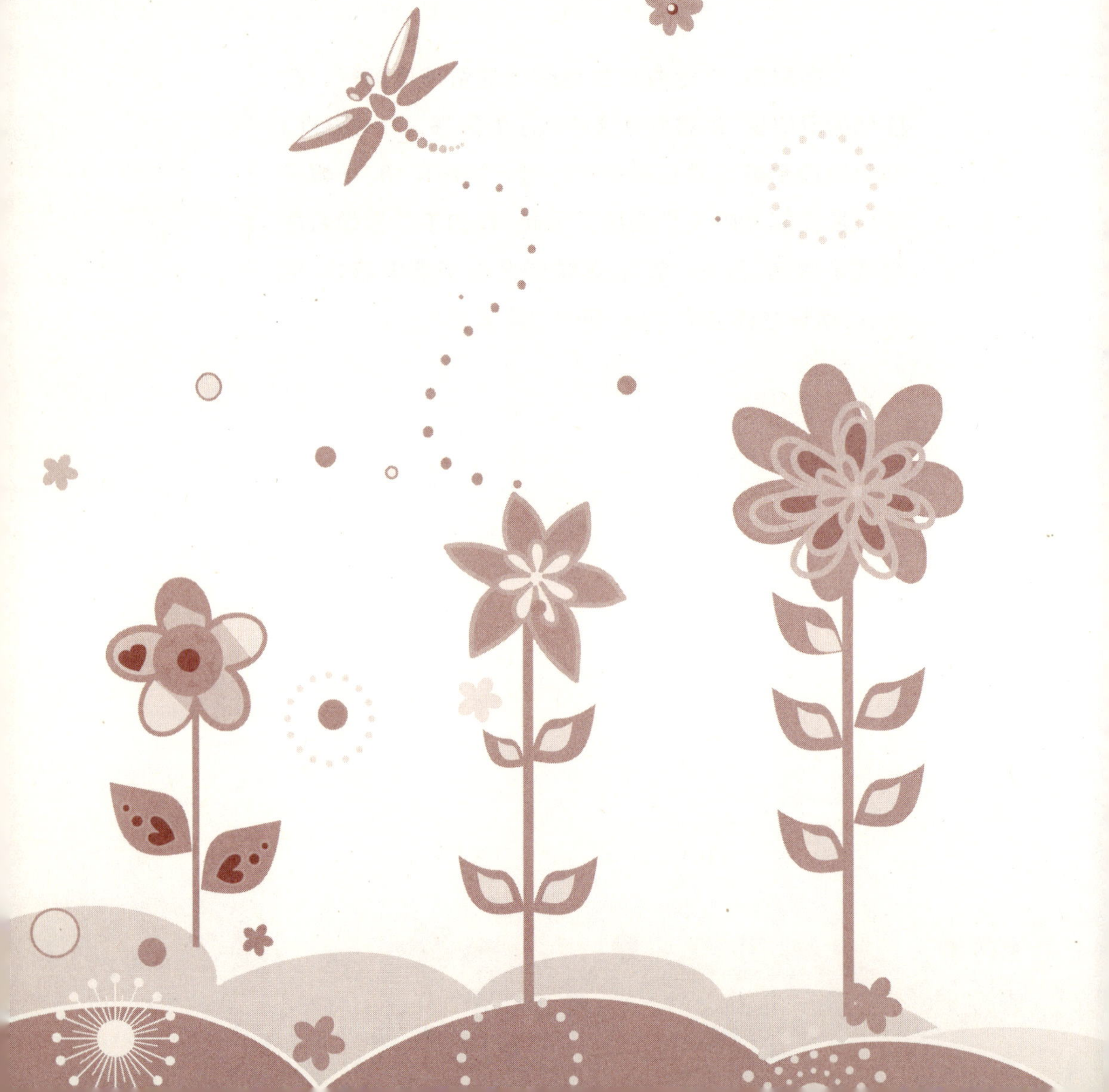

1 自信是潜能的放大镜（自信）

自信，顾名思义就是相信自己，是对自我的一种肯定。自信是个人认识自己的基本态度，它可以让我们放大自己的优点，有意识地克服自身的不足；它可以让我们在面对困难时，永远有一颗乐观和积极向上的心；它可以让我们的潜能得到最大程度的发挥。美国作家爱默生说："自信是成功的第一秘诀。"自信就是潜能的放大镜，你越自信，你就越能突破自己的能力极限，获得巨大的、甚至连自己都无法想象的成功。

成长之路

1899 年 6 月，在美国哈佛大学女子学院进行了一场特殊的考试，考场里坐着一个 19 岁的少女，她是一个又盲又聋还哑的人。只见她用手在凸起的盲文上熟练地摸来摸去，然后用打字机回答问题。就是这样一个少女，在入学考试中，只用了 9 个小时，就顺利完成了德语、法语、拉丁语和其他课程的考试，并取得了非常优异的成绩，成为哈佛大学的一名学生。4 年后，她手捧羊皮纸证书，以优异的成绩从哈佛大学拉德克利夫学院毕业。

创造这一人间奇迹的又聋又哑的盲人少女是谁呢？她就是美国著名的作家、被美国《时代周刊》评为美国十大英雄偶像、荣获

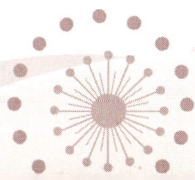

"总统自由勋章"、被马克·吐温称为"19世纪最伟大的两个人物之一"的海伦·凯勒。

小海伦1岁半时突患疾病,这场大病不但夺走了父母心中美好的未来,更使海伦成了一个看不见、听不见也不能说话的小女孩。可怜的海伦将如何去面对一个没有光线、没有声音的世界呢? 在如此难以想象的生命逆境中,她踏上了漫漫的人生旅途……

人们说海伦是带着好学和自信的气质来到人间的,尽管命运对幼小的海伦是如此的不公,但在她的启蒙教师安妮·莎利文的帮助下,顽强的海伦学会了写,学会了"说"。此后,小海伦开始以惊人的毅力,学习英语、德语、法语、拉丁语和希腊语。老师讲课时,莎利文小姐就把内容拼写在小海伦的手上。海伦明白之后,靠记忆去理解学过的课文,再用凸写器做作业。就用这样的方式,她学会了代数、几何、物理等课程,还用打字机写文章和翻译作品。海伦曾自信地声明:"有朝一日,我要上大学读书!我要去哈佛大学!" 1899年6月的这天,海伦实现了自己的愿望。

在上大学二年级时,海伦就完成了自传体小说——《我生活的故事》并发表。从此,海伦开始笔耕不辍,出版了《假如给我三天光明》《我的生活》等14部著作,成为美国著名的作家、教育家、慈善家和社会活动家。她那自信的品德,她那不屈不挠的奋斗精神被誉为人类永恒的骄傲。

人类的潜能是巨大的,许多人在学业和事业受挫之后,总是习惯性地把挫折归结为自身潜质不足。其实,即便是那些灰心丧气的人,身体里也蕴藏着巨大的潜能,而且是远远超出常人想象的潜能。遗憾的是,潜能的主人并没有意识到,或者意识到了,却不知该如何释放这些能量。与之相反,那些特别乐观、特别自信的人,总能从自身找到前进的动力,总能设法让自己身体里的潜能充分发挥出来。

海伦·凯勒曾说"信心是命运的主宰"。1岁半就又盲又聋且哑的海伦,若没有强烈的与命运抗争的勇气和信心,是不可能成长为受世人赞誉的学者的。她向世界证明,自信可以创造奇迹。自信,是我们走向成功的起点,是战胜困难的利剑。自信可以促使人自强不息,迎难而上,发掘深藏于内心的自我潜能。

同学们,你们是否因为没有机遇而叹息过,是否因为一时的失败而惶恐过? 如果一晚的风雨就熄灭了你所有的希冀,那么你今后的人生将是一片黑暗;如果一次跌倒就斩断了你前进的道路,那么你将永远不能到达理想的彼岸;如果一次挫折就让你愁眉苦脸、垂头丧气,那么你将会把自己关进失败的愁城。

人生会面对一个又一个的挑战,我们该如何面对? 在挑战面前,我们首先需要自信。心理学家告诉我们,自信在我们成长过程中有着非常重要的作用:

一是积极暗示。哈佛大学的心理学博士岳晓东曾经说过:"积极的心理暗示,是创造人生奇迹的跳板。"因此,在遇到一时的失败和挫折时请告诉自己"我行! 我能!"给自己积极的心理暗示,下一个创造奇迹的人就会是你!

二是激发意志力。在奋斗过程中,坎坷辛苦,自信激励着人们克服困难,勇往直前。海伦·凯勒没有被残疾压垮,用信心谱写出激励人心的乐章。

三是挖掘潜能。人类的潜能是无限的,挖掘潜能如挖井,挖掘过程也许是直线,也许是曲线,只有那些坚信自己潜能的人,才能释放出潜能来。

因此,自信之于人类,就如燃油之于轮船,航标之于海员,它是人生最重要的资本之一。每个人都有天才的特质,只不过很多时候我们没能够客观全面地了解自己。确立自信心,就要正确地评价自己,发现自己的长处,肯定自己的能力,坚信"天生我材必有用"。不仅如此,我们还需要成功的经历来佐证自己的能力。信心的增长如同登山的阶梯,成功一次,就踏上一级,自信也就增长了一倍。所以,我们可以通过将大目标分成多个小目标,每实现一个小目标就给自己肯定,在逐步完成各个小目标后,也就一点一点地接近成功,信心也在逐渐增强。

心理加油站

1. 排除杂念:写出你给过自己哪些消极暗示,然后在旁边打"×"把它抛弃。

如:★"……" ×

▲"学习实在是太辛苦了,我不可能学得好。" ×

▲"我天生比别人笨。" ×

▲"我的早期教育很差,比不上别人……" ×

▲"我虽然明白了以上道理,可惜太晚了。" ×

2. 自我激励:

①我能够做到!

②我正在达到我的目标!

③我可以弄清楚学习中遇到的难点!

④我可以卓有成效地学习!

⑤我现在心里很平静!

⑥我能够在规定的时间里做出正确的答案!

⑦我知道我可以记住的!

⑧我对自己很有信心!

⑨我的记忆是灵敏的,我的头脑是强有力的!

3. 步态调整法

心理学家告诉我们,步态的调整,可以改变心理状态。你仔细观察就会发现,那些遭受打击、受排斥的人,走路时都是懒懒散散、拖拖拉拉,完全没有自信感。自信的人则是胸背挺拔,走起路来稳健轻松,他的体态告诉别人"我真的认为自己不错!"挺起胸膛,我敢担保,你的自信心会慢慢增长。

4. 优点放大镜

不妨在纸上列出你的优缺点,认真客观地去剖析自己,对自己有个清晰的认识。如果唱歌不好,可以学跳舞;跳舞学不好,还有画画;都没兴趣,还可以做手工、跑步。也许以上都不是你擅长的,但总有一点你比别人要强,那么不妨将这一点作为自信的基点,认可自己是有能力的。

心理空间

长久以来,人们认为视力只同从眼睛传递到大脑的信息有关,而同自身经历、心理状态等主观因素无关。在一项视觉实验中,首先要求志愿者辨认飞行模拟器机翼上的4个字母,然后告知第一组志愿者他们要成为一个战斗机飞行员,告诉第二组志愿者模拟器坏掉了,要求第三组志愿者读一篇相关的散文,要求第四组做了一些眼保健操。接下来,他们让所有人进行辨认字母的模拟测试,与二、三、四组相比,第一组提高成绩的人数最多,是因为他们更加相信自己辨认飞机上字母的能力,而获得了更好的成绩。实验说明了,自信也能够提高视觉分辨力。

自信的魔力有时会让自己也吃惊不已,当我们走出自卑时,我们会发现,真正羁绊我们的不是客观的条件,而是自己的心魔。同学们,让我们踢开心中的绊脚石,让自信领跑我们的人生吧!

　　自信,是面对困难不灰心,执着地追求自己的目标。但是,自信不是无源之水、无本之木,盲目的自信就是自负。盲目的自信还可能会蒙蔽我们的双眼,使我们成为一只井底之蛙,沾沾自喜于自己一片狭小的空间,而不能仰视山的巍峨,不能惊叹海的宽阔。

2 天行健，君子以自强不息（自强）

　　自强，是不管前进的道路上会遇到多少艰难坎坷，都能矢志不渝地走完这段历程。苦难可以博得同情，但是无法赢得尊严。只有自强不息、艰苦奋斗，才能真正从苦难的泥潭中走出来，赢得他人的尊重。自强，是尊严的源泉，是一份对梦想的执着，是一股奋发图强的干劲，是一番积极进取的风貌，是实现人生价值的必备品质。

成长之路

　　贝多芬出生于贫寒的家庭，经常受到父亲的打骂，17岁丧母，他独自一人承担着教育两个兄弟的责任。贝多芬23岁离开了故乡德国波恩，前往音乐之都维也纳进行深造。他那动人的音乐清晰明亮，宛若初春大地的一抹新绿，虽然稚嫩，但却生机无限地在18世纪形式主义乐坛上铺展开来。这是一个崭新的开始，贝多芬只要把握住这个时机，就会把音乐向前推进一大步，在音乐史上掀开新的一页。

　　然而，正值风华正茂，耳朵以一种扰人的"嗡嗡"声攫住了贝多芬。45岁时他的耳朵完全失聪，无法听清楚朋友们轻松的谈笑，美妙的音乐也变得模糊不清，这对一个音乐家来说，无疑是一个致命的打击。起初，他独自一人守着这可怕的秘密。祸不单行，与此同时贝多芬还遭到了情人的遗弃和亲朋好友的死亡、离散。恐惧、痛苦、忧伤和愤怒充满了贝多芬那年轻的心灵。在苦难中，贝多芬仰对万古不语的星空，悲愤地呐喊："哦，上帝呀，往下看看不幸的贝多芬吧……"

面对苦难，贝多芬也曾一度消沉、软弱、无奈，甚至悲观厌世、走到自杀的边缘，立下了著名的《海利根斯塔特遗嘱》。在这份遗嘱中，可以看到贝多芬所经历的精神危机极为严峻、激烈，在生与死的搏斗中苦苦挣扎。

最终倔强的贝多芬还是没有屈服于命运的安排，把退隐、逃避抛在了脑后，他积聚起所有的力量，汇成汹涌的浪潮，击碎坚硬的礁岩。正像他自己所说的那样："要扼住命运的咽喉！"他用一根小木杆，一端插在钢琴箱内，另一端用牙咬住，用以在作曲时"听音"。可以想象，这一切需要多么大的毅力啊！

灾难带给了贝多芬内在的力量——一种坚定顽强的风格，深切而纯洁的景象，赶走了失败的软弱。贝多芬欣喜地感到了他身上产生的这种崭新的力量，他懂得了如何抓住人类精神中最崇高的声音，因此音乐的灵感反比从前更丰富地涌起来，创作出一部又一部气势磅礴、壮丽雄浑的乐章。

寒冬阻挡不了腊梅扑鼻的香气，虽然我们没有办法选择自己的命运，但是可以改变命运，在寒冬也可以春意盎然。命运的天平总会偏向那些坚强的灵魂，命运是一个伟大的艺术家，它举起人生的榔头在我们身上敲敲打打，它偏爱那些经过它精雕细刻的人，这使他们痛苦，也使他们完善。一个能在任何情况下都勇敢地吸取生活的乳汁，无论遇到什么，依然保持生活的勇气、保持奋斗的精神、保持高尚的情操和内心纯洁的灵魂的人，他就是一个强者！唯有自强不息，才能激流勇进，最终摘到胜利的桂冠。

贝多芬终于以顽强的意志战胜了命运,赢得了人们的尊敬和敬仰。他创作的《英雄交响乐》,宛如一部自传,塑造的"英雄"是不怕痛苦,不怕死亡,敢于直面艰难险阻,去成就伟业的硬汉。这硬汉,就是贝多芬自己!他通过了命运对他的考验,并将自己与苦难作斗争的不屈精神升华,演奏出惊天动地的交响乐,演奏出了那个时代的最强音。用自己的生命、灵魂高唱"人是不可打败的"。他留给人们的不仅是那听不尽的激昂音乐,更重要的是他留给了世人不朽的灵魂。

生活的暴风雨会不时地袭击我们,要么耷拉着脑袋唉声叹气,直至捱到奄奄一息的时刻,轻嘘一口气,终于摆脱了;要么挺直腰杆,与风雨抗击,用自强给自己施肥,使自己强壮,长成参天大树,笑迎风霜雨雪。

一天,有人问一位登山专家:"如果我们在半山腰,突然遇到大雨,应该怎么办?"

登山专家说:"你应该向山顶走。"

ADVERSITY... SO EXPECT THE UNEXPECTED AND WHEN IT HITS, HOLD YOUR HEAD UP. DON'T LOOK BACK. FORWARD MARCH! YOU'LL BE SURPRISED AT HOW MUCH STRENGTH YOU HAVE.

他觉得很奇怪,不禁问道:"为什么不往山下跑? 山顶风雨不是更大吗?"

"往山顶走,固然风雨可能会更大,它却不足以威胁你的生命。至于向山下跑,看来风雨小一些,似乎更安全,但却可能遇到暴发的山洪而被活活淹死。"登山专家严肃地说:"对于风雨,逃避它,你只有被卷入洪流;迎向它,你却能获得生存。"

在逆境里,更需要有顽强的意志和奋斗不止的毅力。否则就会被山洪淹没。古人常说:多难兴才。苦难是生活中不可避免的遭遇,真正理解生活的人,不是熬过艰难去等待欢乐,而是在艰难

47

困苦中奋斗并创造欢乐,自得其乐。人的生命似洪水在奔腾,不遇着岛屿和暗礁,难以激起美丽的浪花。人惟有在不断自强的日子里,才能真正品味到生命的意义和充满活力的人生。

自强者的勇气,不仅表现在轰轰烈烈的事业当中,更多地表现在平凡的生活中,这是一种日积月累的沉淀。遭遇冷落泰然处之,穷困潦倒雄心不泯,受到误解心平气和……这才是自强者应有的精神底蕴。

数千年来,自强不息的精神鼓舞着华夏民族奋斗的勇气,屡屡拯救中华民族于危难之中,在民族发展史上谱写了一曲曲悲壮动人的颂歌。作为中华民族的儿女,我们要继承和发扬先辈们自强不息、刚强不屈的精神,让我们伟大的中华民族,威严地屹立在世界的东方。

心理加油站

1. **树立远大而明确的理想**。胸有大志,才能勇于进取,行有定向。当人们确立高尚、远大而明确的理想和目标,并努力追求它时,就形成了自强的思想基础。墨子说"志不强者智不达",对理想执着追求是自强者的共同特点。

2. **相信自己是命运的主宰**。命运是神秘而严厉的,似乎又不可抗拒。人们为了回避失败的痛苦,推卸自己碌碌无为的人生所应负的责任,喜欢把错误归咎于命运女神没有垂怜他们。其实,成功者的命运并不比一般人要好,而恰相反,他们的成功往往是在命运的锤炼过程中获得的。唯有相信自己能够主宰命运的人,方可积蓄起战胜困难的力量,奋发向前。

3. **战胜自卑,挑战自我**。没有自信的人,容易自怨自怜。我们也并不是注定碌碌无为,和成功绝缘。只要我们勇于战胜一切阻碍,那么离成功就不远了。其实最大的阻碍是我们自己,先从战胜自身存在的坏习惯开始。现在请你拿起手中的笔,写下你有哪些

坏习惯,在改掉坏习惯方面有哪些举措。将其填在下面的表中:

你的坏习惯	它给你带来了什么	改掉坏习惯的方法和步骤
1		
2		
3		

改掉坏习惯,虽然是一件难事,但并不是办不到的。只要你能看清自己的不良习惯,意识到它给你带来的危害,下定决心后,有意识地去改正,就一定能改掉它。这是对自身的一个挑战和完善。

心理空间

西南大学心理学院做过一项调查,探究什么情境下最易激发人们的自强意识,结果显示,受调查者主要在以下几种情况下想到要自强:(1)受挫、失败和面临困难时;(2)受人欺辱,被人瞧不起时;(3)不如别人时(如一个被调查对象说的:当我和周围的朋友相比,在事业和经济条件上有较大差距时,我想到了要自强);(4)受到赞赏和成功时;(5)想充分发挥自己的才能,有所作为时;(6)为了他人时(如想到了父母,我要自强)。

根据这六种激发自强的心理背景,可以把自强分为五种类型:顺境自强、逆境自强、竞争性自强、成长性自强和利他性自强。顺境自强是指个体在受到赞扬、肯定以及成功等背景下激发起的自强;逆境自强是指个体在困难、挫折、失败、耻辱等情境下所激发起的自强;竞争性自强是指个体在不如别人、落后于他人等情景下激起的自强;主要由个人内在的成长性需要、实现自我价值或发挥自身潜能的需要所激发的自强,为成长性自强;利他性自强是指个体为了别人、团体、社会的需要而激发起的自强。调查发现以逆境自强这种类型最多,说明在逆境中最能激发自强意识。

"天行健,君子以自强不息。"一年四季,春夏秋冬,大自然刚健有为,亘古运行。每一个冬季,都蕴含着春天的勃勃生机;每一分耕耘,都会带来金秋的收获。自强让我们以一种奋发进取、昂扬向上的姿态去夺得最终的胜利。

小贴士

自强者不易被打败。值得指出的是,自强并不意味着孤军奋战。善于取得他人的帮助,汲取他人的经验,以强化和完善自我,这也是一个自强者应当具备的素质。

3 你看到的是星星还是泥巴(乐观)

生活得快乐与否,完全取决于个人对事物的评价和看法。如果我们想的都是欢乐的念头,我们就能欢乐;如果我们想的都是悲伤的事情,我们就会悲伤。有两个人同时遥望夜空,悲观的人看到的是沉沉的黑夜, 而乐观的人看到的却是闪闪的星斗。乐观,是一种态度,从容、自信、处变不惊;乐观,是一种人生,既能娱己又能悦人,让人生旅途充满情趣。

成长之路

在二次大战期间,一个原本住在美国中部的新婚妻子,随先生住在靠近沙漠的营区里。营区里生活条件很差,先生原本不让太太跟着一起吃苦,但是太太坚持一定要跟他去。

他们只找到了一间靠近印第安村落的小木屋。白天闷热难耐,连荫凉一点的地方都没有,气温有华氏115°（46℃）,风总是一年到头呼呼地吹个不停,把尘土弄得到处都是。旁边住的全是不懂英语的印第安人,漫漫长日极其无聊。

一次,她的丈夫必须外出两周参加部队的演习,剩下她一个人在家,她更是寂寞至极。于是,她写信给母亲说她要回家。母亲很快回信给她,信中写道:"有两名囚犯从狱中眺望窗外,一个看到的

是泥巴,一个看到的是星星。"

她将母亲所写的话看了又看,觉得很惭愧。"好吧!"她想,"我就去找那星星吧。"于是她走出屋外,和邻近的印第安人交朋友,并请他们教她如何织东西和制陶。刚开始时彼此还有点生疏,但是当他们了解到她对这些真有兴趣时,他们也真诚相待。她因此迷上了印第安文化、历史、语言及所有与印第安有关的事物。不仅如此,她还开始研究起沙漠来了。很快地,沙漠也从荒凉之地,摇身一变成为一处神奇美丽的地方。最后她成了沙漠专家,还写了一本有关沙漠的书。

是什么改变了她呢?绝不是沙漠或是印第安人。只是她生活态度的转变,才化逆境为顺境。

就算生活让你失望也不要绝望,因为逆风的方向最适合飞翔,乐观可以给你信心,帮你渡过难关。遇到困难,乐观陪伴你跨过恐惧,克服焦虑,给你希望。

乐观的人,心中总能有阳光撒进,能用积极的心态来面对生活中遇到的坎坷。与其将困难看作障碍,不如将其看作上天对我们的考验,看作是通向成功的桥梁。换了一种角度,也就转换了一种心情,走出不快,才能更好地去应对困难。乐观之于人生,是沙漠中的一汪清泉,是冬季里的一抹新绿,是战胜困难的魔法石。

在乐观中撷取一份坦然,你就能笑对人生;在悲观中摘下沉郁,你就会离快乐越来越远。美国著名心理学家马丁·塞利格曼认为,乐观是一种"迷人"的性格特征。他经过长期的研究及跟踪调查发现,乐观对一个人的成长起着积极的作用,这主要表现在:乐观能使人对生活中的许多困难产生免疫力;乐观能使人的身体更加健康;乐观的人更容易与周围的人保持融洽的关系;乐观的人更容易获得家庭的幸福和事业的成功。

生活在沙漠中的新婚妻子,起初只注意到了一望无垠、毫无生气的沙漠,艰苦的生活条件以及语言不同的印第安人。但是母亲的信让她豁然开朗。她停止抱怨,开始去适应、探索新的环境。过去的困扰很快就被抛开,开始喜爱上身边的人和物,并产生了新兴趣和爱好,有所作为。

同一件事物,不同的人会持有不同的看法,有人看到玫瑰美丽的花瓣,有人却只注意到了玫瑰那扎人的刺。心态决定了我们注意的方向,从而影响到我们的情绪,不良的情绪不利于我们克服困难,发展自我。

两个人穿越沙漠去另一边的绿洲。天气炎热,喝水量很大。走到一半的时候,一个人发现自己的水壶只剩半壶水,心里非常紧张焦虑。他一边走一边抱怨、诅咒、谩骂。而另一个人则想到自己水壶还剩半壶水,只要他节省点喝,就可以熬过去的。后来,惋惜自己只有半壶水的人没有走出沙漠,而心态好的那一个人则走出了沙漠。

每个人的一生都有快乐和不幸。平时多盘算自己拥有的,少控诉自己失去的,就像给快乐做一道加法算式,你的快乐会从无到有,越聚越多。反之,就是在做快乐的减法算式。虽然你想得到快乐,快乐却会离你越来越远。

乐观的心态能帮助我们拥有良好的人际关系。人们倾向于和乐观的人做朋友。因为情绪具有感染性,和乐观的人在一起,就会被快乐感染,心情也会愉快些;和悲观的人在一起,总会看见阴暗的角落,心情自然而然会变得低

不开心睡一觉,就让它过去吧。伤心多好,伤身就不好了。

53

落。而且，人们还会倾向于将乐观的人与快乐联系在一起，将悲观的人与消沉联系在一起，人们当然更愿意选择快乐，而不喜欢消沉。

当你朝着奋斗的目标迈进时，乐观会增加你的愉悦与自信；当你身处艰苦环境时，乐观也能让你体会到生活的乐趣；当你在人际关系面前不知所措时，乐观给你递上微笑的明信片；当你身体不舒服时，乐观给你送去健康。拥有了乐观，我们的心理就能永远年轻，我们的生活也会更加幸福美好！

心理加油站

我们该如何拥有乐观的品质，拥抱阳光呢？

1. **接受现实**：不顺心的事情在生活中是无法避免的，遇事首先要承认和接受它，并学会用合理的归因看待挫折，并将挫折和失败化为动力，鼓起勇气、振作精神，坚信跨过这道障碍后，就是成功。例如，现在做错的题目，帮助我们及时发现了自己的盲区，为以后取得优异成绩又扫清了一个障碍。

2. **转换视角**：我们无法避免在生活中遇到不开心的事，但是我们可以避免不良情绪的产生，遇到不好的事，可以换个方式思考，你将大有收获。同样是面对烧掉了的实验室，爱迪生没有哭泣，和同事说："不要紧的，大火烧掉了房子，把我们的错误也烧掉了。"

3. **合理目标**：不要对自己过分苛求，应该把奋斗目标定在自己能力所及的范围之内，跳一跳能摘得到的位置，然后再慢慢提升高度。而不可一下子就把桃子放在很高、难以够着的地方，多次受挫后，心情自然不会愉快，甚至最后放弃了继续去摘那颗桃子。

4. **镜子技巧**：对着镜子，让你脸上露出一个很开心的笑脸来，挺起胸膛，深吸一口气，然后哼一小段小曲，记住自己快乐的表情。带着一份愉快的心情，生活中自然会充满阳光、鲜花和鸟语。

5. **培养兴趣**：拥有广泛的兴趣，既充实生活，保持愉快的心情，

还可以作为化解紧张情绪的手段。在我们心情低落的时候，兴趣可以起到转移注意力的作用。

心理空间

著名剧作家奥斯卡·王尔德猜测：乐观主义者和悲观主义者用不同的方式看待这个世界。心理学家证实了他的这一猜测是正确的。

心理学家发现，悲观主义者眼睛往下看，他们的大脑工作得更好；乐观主义者向上看时，他们的大脑会转得更快。这一发现表明，因痛苦而引起的典型的畏怯表情确实会对人起作用，他们也许有悲观的思想，但是如果他们抬头向上看的话，就不会那么悲观地思考问题了；而人老是低着头的话，就会更加悲观地进行思考。这一研究表明，稍微抬高一下目光，就可以减轻悲观的情绪。

乐观与悲观像镜子的正反面，镜子的正面能装下明媚，美丽的女神，快乐的微笑，能将春花秋月包容，也能将世事沧桑反映。镜子的反面装下的则只有灰尘、灰暗的投影、消沉的叹息。乐观和悲观只在于我们认识事物的视角不同，你将目光盯着脚下的缺点，戴着墨镜去看世界，世界就会一片灰暗；相反，你如果抬头看看明媚的阳光，多看看事情的优点，会得到一片灿烂。

55

小贴士

乐观赋予我们积极向上的情绪状态，乐观使人心情开朗，从容镇定，精力充沛，对生活充满热情与信心。但我们所需要的不是盲目乐观，盲目乐观会让我们丢掉危机意识。

4 勇气是上天的羽翼（勇敢）

> 勇敢的人不怕危险和困难，为达到既定目标而果断行动，甚至不惜献出生命。懦夫、懒汉是不愿吃苦的，也吃不了任何的苦。他们在艰难困苦面前，往往望而却步，甚至吓破了胆，他们做不了勇敢的人。

成长历程

有个年轻人去微软公司应聘，而该公司并没有刊登过招聘广告。见总经理疑惑不解，年轻人用不太娴熟的英语解释说自己是碰巧路过这里，就贸然进来了。总经理感觉很新鲜，破例让他试一试。面试的结果出人意料，年轻人表现糟糕。他对总经理的解释是事先没有准备，总经理以为他不过是找个托词下台阶，就随口应道："等你准备好了再来试吧。"一周后，年轻人再次走进微软公司的大门，这次他依然没有成功。但比起第一次，他的表现要好得多。而总经理给他的回答仍然同上次一样："等你准备好了再来试。"就这样，这个青年先后5次踏进微软公司的大门，最终被公司录用，成为公司的重点培养对象。

人生下来的时候，无一例外地都紧紧地握着拳头，是想在人生的道路上好好拼搏一番。也许，我们的人生旅途沼泽遍布，荆棘丛生；也许我们追求的风景总是山重水复，不见柳暗花明；也许，我们前行的步履总是沉重、蹒跚；也许，我们需要在黑暗中摸索很长时间，才能找寻到光明；也许，我们虔诚的信念会被世俗的尘雾缠绕，而不能自由翱翔；也许，我们高贵的灵魂在现实中暂时找不到寄放的净土……那么，我们

面对 勇敢面对

不是因为事情太难，我们不敢面对；
而是因为我们不敢面对，事情才会太难。

为什么不以勇敢者的气魄，坚定而自信地对自己说一声"再试一次"？

你见过登山者吗？在湿滑的山路上，滑倒不能阻止他们向上；你见过航海家吗？在波涛汹涌的海面上，即使风再大浪再高，也无法阻挡他们奋勇向前。这就是坚强而又勇敢的勇士。勇气不仅表现在临危不惧的行为上，更重要的是，它体现为一种人生态度。勇敢的人敢于面对困难，敢于表现自己，敢于尝试，敢于承认错误。

有时，面对荣誉也需要勇气。也许，你曾经战胜过无数对手，但是，你战胜过自己吗？要知道世界上只有完全战胜自己的人，才配称作是勇敢的人！有一句名言说："战胜一千个人一千次，比不上战胜自己一次。"

日本现代作家川端康成一生写了100多部中长篇小说及大量随笔。1926年他的代表作《伊豆的舞女》奠定了他的著名作家地位。1933年他发表了震惊世界的长篇小说《雪国》。他是日本第一个诺贝尔文学奖获得者，也是继泰戈尔第二个获得该奖的亚洲作家。可是成功之后，他掉入了鲜花、掌声和荣誉的海洋，坠入了名利的泥淖，这使他有了一种短暂的心理上的满足。

可是一段时间之后，他便觉得精神空虚。他被荣誉所束缚，无法战胜自己而重新开始，他感到了巨大的精神压力，对生活失去了

信心。在一个樱花烂漫的季节，他结束了自己的生命。

挫折和失败不能打败一个人，荣誉和成功也不能成就一个人。其实，阻碍我们的敌人就隐藏在我们的心灵深处，时时刻刻在跟我们较量。一时的消沉和彷徨并不可怕，可怕的是一蹶不振。只有战胜了自己，才能战胜任何困难和挫折，也才能成为一个勇敢的人。

心灵感悟

一个人一生如果从未跌倒，算不得光彩；每次跌倒以后，都能勇敢地再站起来，才是最大的荣耀。若跌倒后，不能勇敢地站起来，害怕再次承受失败的痛苦，便难以获得成功的喜悦。再试一次，你就有可能到达成功的彼岸！

爱迪生说："一次尝试，就有一次收获。"成功是建立在无数次失败尝试的基础之上的，没有失败，难以获得巨大的成功。机会总是留给勇于尝试的人的。

我们在学习和生活中也需要这种勇气。在学习和生活中，我们应勇敢地举手发言，敢于表现自己；敢于质疑课本上的内容，并大胆去求证自己的想法是否正确；勇于尝试不同的学习方法，在勇敢尝试的过程中，我们的能力将得到提升，我们将更趋于完善，攀登上一个又一个高峰。

我们还需要去战胜我们的懒惰，战胜自己的烦闷苦恼，战胜恐惧……人是在不断战胜自己的过程中逐渐成长的。我们会用"我有这样的缺点"作为失败的理由，而没有去更多地思考如何战胜自己的缺点，即使是想到要战胜它们，又觉得很难，被自己内心的怯弱给打败了。

为了目标的实现而勇敢追逐，这是一种勇气，有时，放弃也需要很大的勇气。在我们的生活中，有很多的人缺少这种睿智，在诱惑面前经不住考验。

一说放弃,有的人就会想到失去。放弃不一定就是退缩,有时它能带来更大的希望。当你遇到难题时,暂时将其放下,出去放松一下再回来,重新整理一下自己的思路,寻找新的突破口,说不定就豁然开朗,茅塞顿开了。行军打仗也一样,如果敌人已明显占了优势,那我们就暂求保住实力,今天的放弃是为了明天更好地追逐目标。

心理加油站

人生常常遇到许多难题,做一个勇敢的人不是一件易事。勇敢不能遗传,人并非天生就具备勇敢的品质。勇敢的获得需要培养,需要锻炼,是在生活的基础上一点一点积累起来的。

1.**暗示自己可以做到**。积极的心理暗示,在心中对自己说:我能行!重复给自己做这样的暗示,给自己鼓劲,有助于调动内在的能量全力以赴。

2.**敢于坚持自己的观点**。不能人云亦云,没有主见。当与他人观点发生冲突,敢于阐释坚持观点的理由;如果发现自己有未考虑周全的地方,敢于承认,敢于接受他人的建议。

3.**克服软弱的情绪**。强者和弱者之间没有千里鸿沟,强者并不是没有软弱,而是能够及时克服软弱的情绪。其实困难并不可怕,可怕的是你不去解决而是逃避。

4.**勇敢地迈出第一步**。光想不做,永远不会迈出第一步,永远会心虚。碰到事情,不要总顾虑重重,越没勇气,越害怕去做,越不尝试去做,越没勇气。所以千万不要形成这样的恶性循环。

5.**置之死地而后生**。"勇气"不是没有恐惧,而是无论如何,都必须去做的。面对挑战,我们不能弃权,只有接受,当逼着自己去面对的时候,勇气也就自然涌现出来了。

　　1952 年，美国心理学家所罗门·阿希设计实施了一个实验，来研究人们会在多大程度上受到他人的影响，而违心地进行明显错误的判断。当来参加实验的志愿者走进实验室的时候，他发现已经有 5 个人先坐在那里了，他只能坐在第 6 个位置上。事实上他不知道，其他 5 个人是阿希找的"托儿"。

　　阿希要大家做一个非常容易的判断——比较线段的长度。他拿出一张画有一条竖线的卡片，然后让大家比较这条线和另一张卡片上的 3 条线中的哪一条线等长。这些线条的长短差异很明显，正常人是很容易作出正确判断的。

　　在两次正常判断之后，5 个假被试故意异口同声地说出一个错误答案。于是许多志愿者开始迷惑了，他是坚定地相信自己的眼力呢，还是说出一个和其他人一样、但自己心里认为不正确的答案呢？

　　从总体结果看，平均有 33％的人判断是从众的，有 76％的人至少做了一次从众的判断。

　　这是著名的从众实验，反映了在有他人的答案做参照时，个体不敢于坚持自己的正确判断的奇怪现象。因为外界的压力，而改变自己的判断，这种现象在日常生活中并不少见。人云亦云，不敢坚持自己判断的人，久而久之，就会失去自我，没有自己的观点和看法，难以取得创造性的突破，永远成不了"第一个吃螃蟹"的勇士。

勇士仅仅是比懦夫少了一份犹豫而已。懦夫就是在出发前,先经历心理上的十八层地狱的人,他们屈服于自己的恐惧,没有踏出第一步。勇士是不畏艰难险阻,勇往直前的人。但是我们要区分勇士和冒失鬼:为了人生目标而披荆斩棘是勇士的行为,而仅是为了表现自我,不理智的鲁莽冲动是冒失鬼的行为。

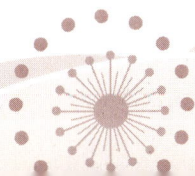

5 用自己的手推开成功之门（独立）

世上有一种植物叫无根藤，无根藤自己没有生根，它缠绕在一棵树上，与树同生。树依靠自己发达的根系维系着无根藤与自己的生存之需。有一天，树突然死去，失去了生存来源的无根藤也逐渐萎靡。如何避免无根藤的悲剧？依靠自己，不做无根藤！

成长之路

6岁那年，他得了一种怪病，肌肉萎缩，走路时两腿无力，常常跌倒，且每况愈下，直至行走都很困难。

他父母急坏了。带他走遍全国各地有名的医院，请无数专家诊疗，但每家医院的结果都一样——重症肌无力。专家说，目前此病只能依靠药物并辅以营养搭配与身体锻炼来调节。他的生活从此变得不同于寻常人。

自从上小学，他开始了自己的苦恼。他家离学校很近，正常孩子10分钟便能走完的路程，他却要花费几倍的时间才能到达。

9岁那年冬天的一个下午，天气骤变，随后便雪花飞舞。到放学时，路上已是厚厚的积雪。很多家长赶到学校接孩子。他想，自己的腿脚不方便，雪又这么大，爸妈一定会来接的。他站在校门口

追求卓越——30个优秀的心理品质

等着。直到孩子们都被家长接走了，他也未见到自己的父母。他由焦急变成了伤心。爸爸妈妈为什么不疼爱我？工作再忙也得想到我啊！他的泪水在脸上蜿蜒。终于，他吸了一口气，咬咬牙，踏上返家的路。这一段路途走得实在艰难。不知摔了多少跟头，也不知走了多长时间。委屈、恐惧、愤怒交织在一起。他想等到了家里，父母不管说什么理由，他也不会理会他们了。此时，他恨极了父母。

终于，他蹒跚走到了家门口。让他没想到的是，眼含热泪的爸

爸急急地跑来为他开了门。随后，他那掩面痛哭的妈妈也一下子扑上来，紧紧地抱住了他。一家三口哭成了一团。许久，哭红眼睛的妈妈无比怜爱地摸着他的头，对他说："孩子，你回头看看，那路上的每一个脚印都是你自己走的。今天，爸爸妈妈真为你感到骄傲和自豪。在你以后的生活中肯定会遇到许许多多的困难，如果都能像今天这样顽强地走过来，那你将永远是爸妈心中最有出息的孩子，是最棒的男子汉。"

他说，永远忘不了那个冬天傍晚的一幕，牢牢记得妈妈跟他讲的话"每一个脚印都是你自己走的"。这句话，让他在后来的生活中树立起强大的信心，让他敢于面对一切困难。他说这些话时，坚毅的目光中透着同龄孩子少有的刚强。

我们有时难免会抱怨命运的不公，但是艰难困苦抹杀不了顽强的信念——自己的力量能够支撑起一片属于自己的蓝天。不要指望在跌倒的时候，会遇到一个人扶你起来。依赖别人，意味着放

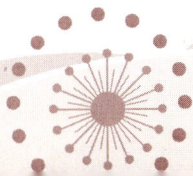

弃对自我的主宰,这样容易失去自我。惟有自己一步步走过来的脚印,才是坚实而有力的。

人生之路,崎岖漫长,风雨总会不期而至,漫漫征途上不会时时有依靠,即使在泥泞中会有人扶你一把,但别人怎能伴你走完整个征程?面对失败和打击,心情抑郁,此时来自父母、朋友的鼓励只能是一种推动剂,而真正跌倒再爬起来,还要靠自己,靠自己的勇气和顽强的毅力。别人铺好的路固然平坦,但少了一份拼搏的乐趣。依靠自己开创的明天才更美好。

心灵感悟

当我们还没尝试走路的时候,我们会不自觉地去寻找拐杖,以为走路不能离开拐杖,否则就寸步难行。虽然有了拐杖,我们不用经历摔摔跌跌,走得也不会那么艰辛,但是,我们只能一辈子倚着拐杖,一瘸一拐地往前挪动。没有拐杖的话,起初我们可能会摔很多跟头,摔倒后再爬起来,最终我们将学会独立行走,不必一辈子受拐杖牵制。

有人说,如果想使一个人残废,只要给他一对拐杖再等上几个月就能达到目的。当我们身边有可依赖的人或事物时,我们就会变得懒惰,失去独立自主性。依赖心越强,独立能力就越差。我们有时会因为贪恋现有的安逸,而不愿离开"拐杖",更不愿放弃舒适,选择艰辛。但没有风雨,哪会有彩虹。

帝王蛾的幼虫时期是在一个洞口极狭小的茧中度过的,它娇嫩的身躯必须拼尽全力才能破茧而出,有很多幼虫在往外冲杀的时候力竭身亡。有人用剪刀把茧子的洞口剪大,使幼虫能轻易地钻出。但是,得到救助的蛾子却只能在地上笨拙地爬行。原来,那狭小的茧洞恰是帮助帝王蛾幼虫两翼成长的关键所在,穿越的时刻,通过外力挤压,帝王蛾才能振翅飞翔,否则,将永远与飞翔无缘!只有依靠自己的力量穿破重重险阻,才能飞向那辽阔美丽的天空!

如果我们不将自己的那双翅膀练得过硬,那么就永远不可能在蓝天上自由地飞翔。如果我们不夯实自己的本领,自诩有很多依靠,我们就会在生活中举步维艰。父母给了我们生命,但那是脆弱的血肉之躯,还不足以让我们抵挡生活中的风风雨雨。我们必须像帝王蛾那样,不畏惧命运中的苛刻,用钢铁意志来引领我们的血肉之躯,这样我们才能自由地翱翔!

人要学会独立,不仅是指生活上能够自理,还包括思想上的独立。生活上的独立包括可以洗干净自己的衣服,可以照顾好自己和身边的人,可以自己整理好行李准备春游等。思想上的独立主要包括有主见,能够自己做决定。如果思想上不能独立,那么行为上也就难以独立。

一个处处依赖他人的人,每当遇到问题时,首先想到的不是靠自己,而是从他人那寻求帮助。如果一个人总是靠别人来帮助,做事时就会受到很多约束,没有主见,缺乏自信,处事优柔寡断,遇事希望父母或老师为自己做决定。一旦所依赖的条件失去,他们就茫然不知所措,甚至会迷茫,无法适应社会生活,进而导致产生抑郁、焦虑等心理障碍。

心理加油站

1.**减少依赖,求助不如求教**。在我们走向独立的过程中,父母可能会阻碍我们,说"我来帮你"。我们要告诉父母,我们已经长大了,可以放手让我们去做一些力所能及的事情了。遇到困难的时候,不要只是简单的求助。因为经过别人的帮助后,问题还是要自己去解决,困难还是要自己去克服。所以,最重要的是,要请教解决问题的方法。

2.**做自己力所能及的事情**。看看下面所列出来的事情,你会做哪些?

（1）自己洗衣服；

（2）自己做作业，从不用父母督促、陪伴；

（3）自己去上学；

（4）自己去购买生活必需品和学习用品；

（5）在家打扫卫生，饭后洗碗；

（6）父母生病时，能照顾他们，比如买菜做饭之类的；

（7）父母工作忙或外出时，能照顾好自己；

（8）在班内，能做好自己负责的事情。

除了这些，你还有哪些独立自主的表现？

3. **克服懒惰的习惯。**我们都想通过最少的努力，取得同样的结果。通过依靠他人，我们可以付出较少的劳动和汗水，但是这样摘来的果实不如独自努力摘到的甜。当我们想依赖他人时，可以在心里默念：我一个人也是可以完成的！

4. **接受失败。**不要因为害怕失败，而一味地依赖他人。任何一次挫败的经历都有可能带来个人的成长。我们不能总想着逃避失败，而要勇敢地在失败的地方站起来，只有这样，才有希望到达成功。

5. **厌恶疗法。**做一个小丑娃放在写字台上，每当发现自己有懒惰、想要依赖他人的心理或行为时，就在小丑娃的脸上画一笔，或涂一些颜料。每次看到小丑娃又变丑的样子，提醒自己克服依赖的心理。

心理空间

法国心理学专家约翰·法伯曾经做过一个著名的"毛毛虫实验"：把许多毛毛虫放在一个花盆的边缘上，首尾相连，围成一圈，并在花盆周围不远处撒了一些毛毛虫比较爱吃的食物。毛毛虫开始一个跟着一个，绕着花盆的边缘一圈一圈地走，1小时过去了，一天过去了，又一天过去了，这些毛毛虫还是夜以继日地绕着花盆的边缘转圈,一连转了七天七夜,它们最终因为饥饿和精疲力竭而相继死去。

法国心理学家约翰·法伯在做这个实验前曾经设想:毛毛虫会很快厌倦这种毫无意义的绕圈而转向它们比较爱吃的食物,遗憾的是毛毛虫并没有这样做。导致这种悲剧的原因就在于毛毛虫的盲从,在于毛毛虫总习惯于固守原有的本能、习惯、先例和经验。毛毛虫付出了生命,但没有任何成果。其实,如果有一个毛毛虫能够破除尾随的习惯而转向去觅食,就完全可以避免悲剧的发生。

独立自主是每个人在社会中生存和发展的重要能力之一。我们都渴望在前方,有一个"可靠"的人在等待着我们。这个人能够呼风唤雨,点石成金,只要有他在,我们就可以高枕无忧了。然而在渴望的时候我们却不曾想过:我们为什么非要"靠"别人不可?其实在苛求别人"可靠"时,我们不知不觉隐去了一个前提:我是谁,我应该为自己的生命做些什么? 在我们努力寻找那个"可靠"的人时,是否忘了自己对自己所应承担的责任。

小贴士

独立地做决定,并不意味着不听取别人的意见,一意孤行。相反,他人的意见是我们自主决定的重要参考。一个人要真正走向独立,除了要具备独立的意识外,独立的能力也十分重要。如果缺少了独立的能力,即使有了不依赖他人、走向独立的需求和渴望,也只能是心有余而力不足。

6 当一块石头有了愿望(理想)

小溪的理想是大海,鸟儿的理想是蓝天,雄狮的理想是草原。理想给我们的生活带来希望,指引我们的人生方向,让我们在前进时充满动力。一个人只有确定了目标,才有一个奋斗的方向,才不会在前进中迷失自己。有人说,没有理想的青春,就是没有太阳的早晨。每一个学生,都应该有自己的理想。

成长之路

他是一个匈牙利木材商的儿子,由于从小生得呆笨,人们都喊他"木头"。九岁之前,除了因遵守秩序在学校里获得过一枚玩具螺丝钉外,再没有获得过其他奖励。

12岁时,他做了一个梦,梦到有位国王给他颁奖,因为他的作品被诺贝尔看上了。当时他很想把这个梦告诉别人,但又怕被人嘲笑,最后只好告诉了妈妈。

妈妈说:"假如这真是你的梦,你就有出息了!我曾听说,当上帝把一个不可能的梦放在一个人的心中时,就是真心想帮助他完成的。"

他信以为真了，他想，他真是天下最幸福的人！世界那么大，上帝却一下子就能选中他。为了不辜负上帝的期望，从此他真的喜欢上了写作。

"倘若我经得起考验，上帝会来帮助我的！"他怀着这样的信念开始了他的写作生涯。三年过去了，上帝没有来；又三年过去了，上帝还是没有来。就在他盼望上帝前来帮助他的时候，希特勒的部队却先来了。他作为犹太人，被送进了集中营。在那里，数百万人失去了生命，而他却活了下来。

"我又可以从事我梦想的职业了！"他怀着这样的心情走出奥斯维辛集中营。1965年，他终于写出了他的第一部小说《无法选择的命运》。接着，他又写出了一系列作品。

就在他不再关心上帝是否会帮助他的时候，瑞典皇家文学院宣布：把2002年的诺贝尔文学奖授予匈牙利作家凯尔泰斯·伊姆雷。他听到后，大吃一惊，因为这正是他的名字。当人们让这位名不见经传的作家谈一谈他获奖的感受时，他说："没有什么感受！我只知道，当你说我就喜欢做这件事，多困难我都不在乎时，上帝就会抽出身来帮助你。"

梦想皆有神助！在新世纪里，伊姆雷成为第一位证明人。预言家说，还会有第二位，就藏在有梦想的人中间。

所谓的理想就是人生向往，是对自身及社会未来景象的一个想象和希望。确立一个理想很容易，坚持一个理想就很难。每天为理想拾一块石头，几十年能变成一座城堡；每天为梦想种下一棵树，几十年能成就一片森林。只有把理想始终铭记于心，让理想穿透无边岁月的每一瞬间，我们才能到达成功的彼岸。

曾经，有个黑人女孩受尽白人的冷眼与嘲笑，她幼小脆弱的心灵一直承受着沉重的压力，在母亲的鼓励下，一个想要得到平等对待的想法在她心中萌生，这将是她为之奋斗一生的目标。终于，她以顽强的意志、刻苦的奋斗，走进了白宫，她不但得到了平等，还赢得了白人的尊重，她就是赖斯！赖斯的成功并不是偶然，她很早就在心里埋下了理想的种子，并开始发芽成长，最终，种子长成了栋

梁之才。

理想是催人进步的动力机,源源不断地供给人向上的力量。当你认定了一个目标,那么你将心甘情愿地为之奋斗一生。奋斗的过程苦中有甜,奋斗后的收获会给你带来异样的满足,并会促使你继续奋斗,更加努力!

心灵感悟

帮助凯尔泰斯·伊姆雷达到成功的不是上帝,而是他心中珍藏的那打动过他心弦的理想。理想是那么的美丽和圣洁,驱动着我们的步伐,点缀着我们的心灵,点缀着我们周围的世界。

如果把人生比作一个杠杆,那么理想则是它的支点。理想不是可有可无的支点,它是人生的动力。有了理想,就等于有了灵魂。理想是阳光,照耀着我们的生活。生活的理想是为了更理想的生活,有理想的人,生活总是火热的。

拿破仑说:"不想当将军的士兵不是好士兵。"的确,有理想就会有动力,有动力就有可能迈向成功。因为理想,于是有了愚公移山的坚定,夸父逐日的执着;因为理想,于是有了雄鹰的展翅高飞,风帆的远涉重洋,理想给了我们一股坚定的力量。

理想,象征着满载希望的未来。每个人都有理想,但又各不相同,有的崇高,有的卑微;有的符合客观实际,有的流于幻想;有的追求物质上的满足,有的追求精神上的欢愉。有理想的人,是幸福的人,而为实现理想而孜孜不倦的人,更是快乐的人。

为理想而奋斗,必须要学会做生活的主人,学会拒绝人生的种种诱惑。当你要赶路时,沿途会遇到不同的风景,但鱼和熊掌不可兼得,我们要明白自己真正想要的是什么,再决定是前进还是停止。不要被弄得眼花缭乱,偏离了前进的主方向,记着自己是在赶路,需要做的是:看脚下,看前方。

有了理想后,时常在人前说豪言壮语,见人就夸夸其谈,我的理想是怎样,我的理想是如何,夸夸其谈的结果是,说的总是比做的多,没有付诸实际行动。这样时常说豪言壮语的人，与其说他已经树立了远大的理想，不如说他是一个好高骛远的雏鸟。

　　树立了正确的理想，就是确立了人生奋斗的目标，有了目标后，就应该脚踏实地。古人云，千里之行，始于足下。只有脚踏实地地去为理想而奋斗，才能从一只雏鸟成长为雄鹰。只要我们以理想为起点，不停地走下去，总有一天，我们会走向圆满，达成心愿。

心理加油站

　　最伟大的成就在最初的时候曾经是一个梦。哥伦布梦想有另一个世界，后来他就发现了新大陆；哥白尼梦想世界是一个多重性和广阔的宇宙，后来他揭示了宇宙的奥秘。所以，同学们，请珍藏你的梦想，不管你的梦想是卑微还是绚丽，朝着你心中梦想的方向前进，请相信你梦想的世界最终会变成现实。

制订目标。制订好长期目标、中期目标和近期目标。制订长期目标，目的是明确自己理想的奋斗方向；中期目标是明确自己近几年对实现理想的一个整体规划；近期目标是明确自己对实施规划的起步安排。制订的目标一定要具体、可行。

付诸行动。脚踏实地的努力，"千里之行，始于足下"；持之以恒的坚定，相信"有志者，事竟成"。让理想成为现实的唯一办法，就是行动。没有行动，理想只会是空想。

及时强化。每个小目标的实现就像一面面胜利的旗帜，每实现一个，那种成功的喜悦就是对我们努力奋斗的回报。这种喜悦能够有效地激起我们的热忱，从而继续努力，直至理想的实现。

发扬拼搏精神。在为理想而奋斗的过程中，我们要奋发向上、永不服输，做到败不馁、胜不骄，并且不会因眼前的困难而放弃追求，要矢志不渝地追求最初的梦想。

心理学家曾做过这样一个实验:组织三组人,让他们分别向着10千米外的三个村子出发。

第一组人不知道村庄名字和具体路程,只被告知跟着向导走。刚开始走就有人叫苦,走到一半时,纷纷抱怨为何走这么远,甚至有人停下,越往后,他们的情绪越低落。

第二组人知道村庄名字和具体路程,但路边没有标示,只能凭经验来估计行程和时间。到一半时被告知已走了一半,才又有了点热情。到全程四分之三时,大家觉得疲惫不堪而路程似乎还有很长。当有人说:"快到了!"就又振作起来加快步伐。

第三组人不仅知道村子的名字、路程,而且公路旁每千米就有一块里程碑。人们边走边看里程碑,每缩短1千米大家便感到一阵快乐。行进中他们用看里程碑的快乐消除疲劳,用坚定的步伐丈量行走的路程,所以很快就到达了目的地。

理想是漫漫征途,需要在清晰认识自己的基础上,制订明确、具体的小目标,来一步一步迈向目的地。只有明确的理想是远远不够的,还要把自己的行动与实现理想过程中的具体目标不断加以对照,进而清楚地知道自己的行进速度,以及与目标之间的距离。这样将有助于我们调整步伐,维持和强化行动的动机,自觉地克服一切困难,努力达到目标,最终实现心中的理想。

我们习惯激情叫嚷自己远大的理想,而对眼前的小事无动于衷,可细节才是决定成功与否的关键。一屋不扫何以扫天下！我们确定了理想后,更要从小处开始,一点点拉近现实与理想的距离,最终实现理想。

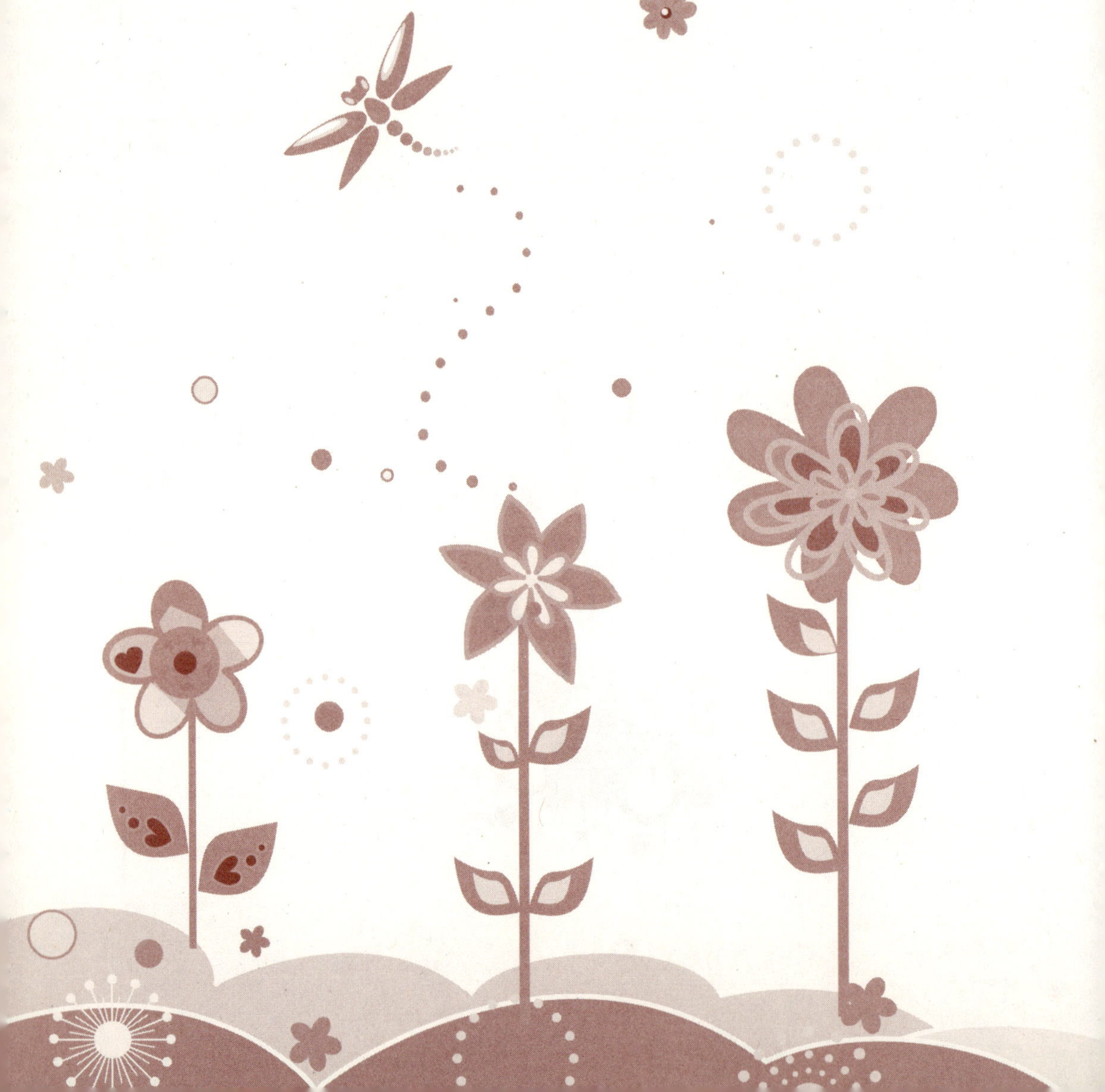

第三篇　立世篇

　　我们每个人都渴望真诚的友情，渴望被社会接纳，被他人认可。在与人交往中，我们需要注意修身养德，这样才能在纷繁复杂的社会中找到立身之处。让我们用宽厚的双肩来承担责任，用广阔的心胸包容差异，与朋友坦诚相待，正直守信，成为一个值得信赖的人。

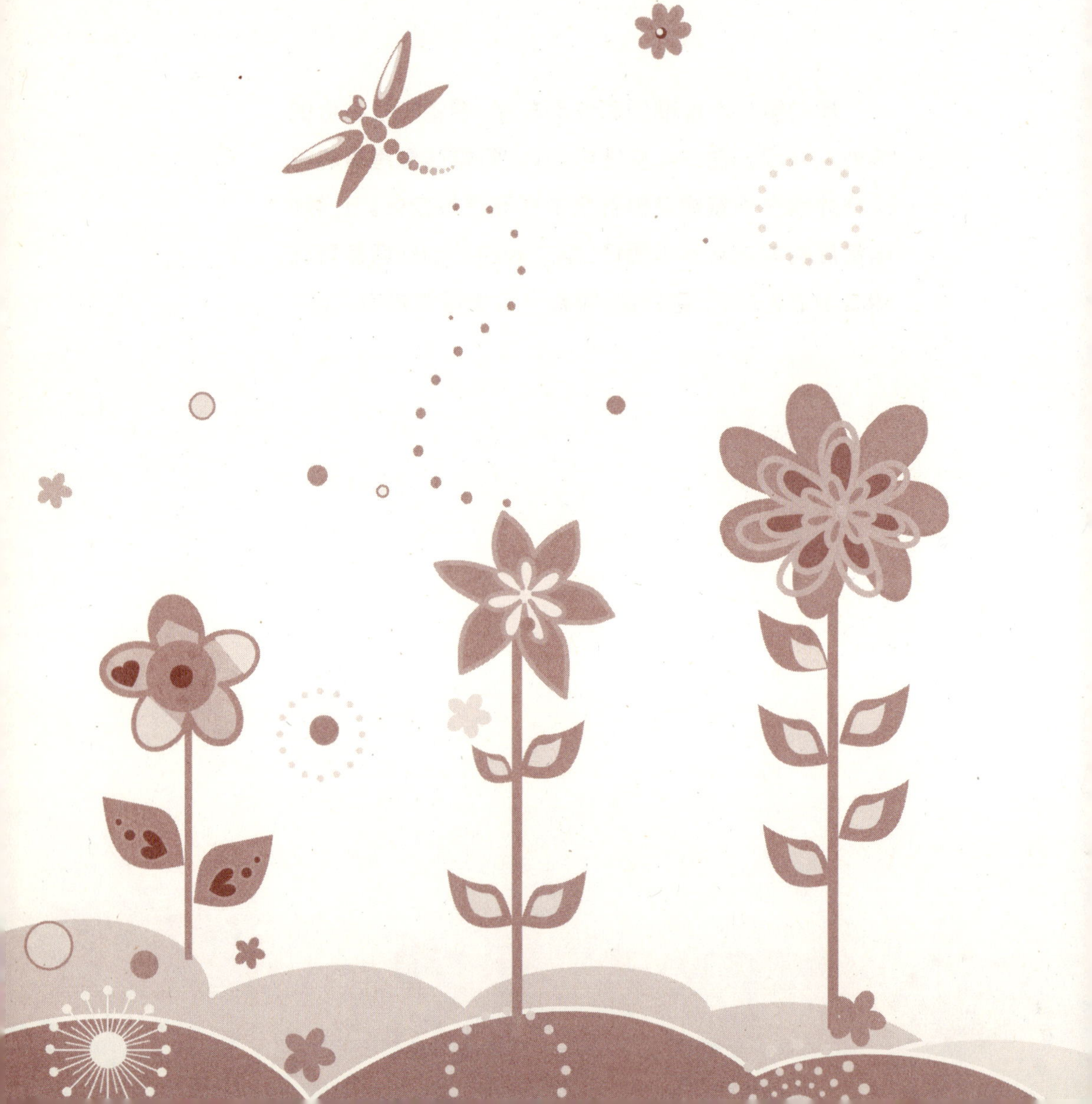

1 敢于负责任,才能担重任(负责)

所谓责任感,就是对自己所做的事情尽心尽力,以认真负责的态度来完成。当自己承担的任务出现问题时,勇于承担,不推诿。一个人未必什么都会做,但是,当他做任何事情都很认真、很负责的时候,他就有可能凭借这种态度战胜困难,发挥自己的最大潜能。

成长之路

杰克和里森是同事,他们俩工作一直都很认真,也很努力,老板也对他们很满意,可是一件事却改变了两人的命运。

一次,杰克和里森共同把一件很贵重的古董送到码头,没想到送货车开到半路却坏了。公司里规定:如果不按规定时间送到,他们要被扣掉一部分奖金。于是,力气大的杰克背起古董,一路小跑,终于在规定的时间内赶到了码头。这时,心里打着小算盘的里森想:如果客户看到我背着古董,把这件事告诉老板,说不定会给我加薪呢。于是他说:"先把古董交给我,你去叫货主吧。"当杰克把古董递给他的时候,他一下没接住,古董掉在了地上,成为碎片。他们都知道古董打碎了意味着什么,没了工作不说,可能还要背负沉重的债务。果然,老板对他俩进行了十分严厉的批评。

在他们等待处罚的过程中,里森避开杰克,一个人走到老板的办公室对老板说:"老板,不是我的错,是杰克一个人不小心弄坏的。"老板把杰克叫到办公室,杰克把事情的原委告诉了老板。最后他说:"这件事是我们的失职,我愿意承担责任。另外里森的家境不好,请求老板酌情减轻对他的惩罚。我会尽全力弥补我们所造成的损失。"接下来的几天,他们就在等待处理的结果。

终于有一天,老板把他们叫到办公室,对他们说:"公司一直对你俩很器重,想从你们两个当中选择一个人担任客户部经理。没想到出了这样一件事,不过也好,这会让我们更清楚哪一个人是合适的人选。我们决定请杰克担任公司的客户部经理。因为,一个勇于承担责任的人是值得信任的。里森,从明天开始你就不用来上班了。其实,古董的主人已经看见了你们俩递接古董的动作,他跟我说了他看见的事实。还有,更重要的是问题出现后你们两个人的反应。"

责任感是做人的基础。有责任感的人,常常会以饱满的热情,脚踏实地地完成任务。没有责任感的人,往往对自己的行为不负责,有时甚至会损害到他人和社会的利益。

一个有强烈责任感的人,能够自觉地严格要求自己,约束自己,不敷衍,不推卸,踏踏实实,尽职尽责地做出一些事情。当责任成为习惯之后,或许不能立即为你带来可观的好处。但可以肯定的是,缺乏责任感的人,他的成就会相当有限,因为他的散漫、马虎和不负责的做事态度已深入他的内心深处,做任何事他都会有随便做一做的直接反应,如果到了中年还是如此,就很容易会蹉跎一生!

心灵感悟

里森推卸责任落得失业的下场,不负责任决定了被淘汰的结果。歌德认为:责任就是对自己被要求做的事情有一种爱。对自己所做的事情拥有了一份责任后,才能找到自己努力的意义所在、快乐所在,才能充满热情地投入,也才能不畏艰险,坚持不懈,顽强地面对各种困难,积极地尝试解决问题。

责任感并不是大道理,它体现在我们生活中的点点滴滴,而且,责任感也是在点滴的小事中逐渐形成的一种优秀的品质。老师常常教育我们:要写好每一个字,读好每一个句子,做好每一件事,这就是在刻意培养认真对待每一件事的负责任的态度。学校也涌现出不少有责任心的同学。大部分同学的家庭作业从来不用父母操心,自觉完成;值日生认真负责地把教室、卫生区的卫生打扫干净,关好门窗才回家;地上有纸团,有同学弯下腰去捡起……这些都是有责任心的表现。

但我们也经常看到这样的情景:学校里组织卫生大扫除,学生们要么溜之大吉,要么敷衍了事;校园里的水龙头一直在流水,但好多同学路过却视而不见……似乎这些事情都是与他们无关的,是别人的事情。

有个老木匠准备退休。老板问他是否可以帮忙再建一座房子,老木匠答应了。

但老木匠的心已不在工作上了,用料也不那么严格,做出的活也全无往日的水准。老板并没有说什么。

房子建好后,老板把钥匙交给了老木匠。

"这是你的房子"老板说,"我送给你的礼物。"老木匠一生盖了多少好房子,最后却为自己建了这样一座粗制滥造的房子。

老木匠以为自己是在为老板建造房子,却不知其实是在替自己建。有个人曾说过,只有当你把自己当成老板时,你才能尽自己最大的才能来把事情做好。

　　责任是什么？责任是多问自己"我主动承担了吗"。我们经常会听到习惯于强调客观事情，推卸责任的陈词。推卸责任的一个潜在威胁就是，不能透彻地看到自己的问题。能够主动承担责任的人，令人敬佩和尊敬。

　　责任是什么？责任是多问自己"我努力做了吗"。父母生病了，你是否能够在照顾好自己的同时，去照顾父母，而不是在那抱怨饭菜还没做好；别人需要帮助的时候，你是否能及时伸出援助之手；你是否能主动关掉哗哗直流的水龙头。这些都是我们力所能及的事情，可是你去做了吗？

　　经常问自己，"我主动承担了吗"、"我努力去做了吗"，长此以往，将形成认真负责、尽心尽职的习惯，并收获他人的信任，为成功做好铺垫。

心理加油站

　　考虑行为的后果。我们生活在父母的庇护下，很少经历风浪，对事情的考虑往往会缺乏更深层次的思考。例如，有些同学喜欢用拳头来处理同学之间的矛盾，而没有考虑到后果。因此，在我们决定做某事的时候，应该首先考虑下可能会产生哪些影响，然后再去执行。

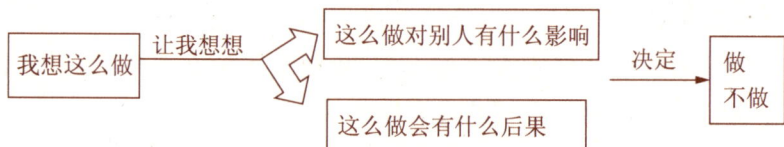

我想这么做	让我想想 →	这么做对别人有什么影响	决定 →	做 / 不做
		这么做会有什么后果		

　　1. 克服怯懦心理。很多人逃避责任不是因为没有能力，而是因为他内心存在怯懦心理。人犯了错，就要有勇气担当。例如，当不小心将花瓶摔碎了，父母责问起来时，我们心里知道自己犯错了，惹父母生气了，但还是不敢在父母面前大胆地承认，甚至为了避免被罚，会将责任推给他人或其他因素。要想做一个敢作敢当的人，

还需克服一下自己的怯懦心理。

2. **告别懒惰**。中国有句很古老的俗语："一个和尚挑水吃，两个和尚抬水吃，三个和尚没水吃。"这句俗语告诉我们，当有他人可以依赖的时候，我们就会变得懒惰。懒惰是逃避责任者的一大通病，明明是自己的举手之劳，但就是懒得动手，也不会因此而内疚。

3. **注重细节**。亲爱的同学们，让我们从弯腰拾起身边的一片废纸，仔细擦净教室每一块瓷砖，认真做好老师布置的每一次作业，安静上好课表上的每一节自习课做起吧！从小事做起，从细节做起，从现在做起，你才可以积小成大，积流成河，才可以使自己走向成熟。

4. **积极参加班集体活动**。在班集体活动中，我们不仅增强了团队合作能力，而且我们的集体荣誉感也得到了增强。集体荣誉感就是，认识到我是集体的一分子，要尽自己的努力为集体增光的观念。从而，在处理利益冲突、任务矛盾的时候，就会多从为集体、为他人负责的态度出发。

心理空间

心理学家约翰·巴利和比博·拉塔内进行了下面的实验。他们让 72 名不知真相的参与者分别以一对一和四对一的方式与一假扮的癫痫病患者保持距离，并利用对讲机通话。他们要研究的是：在交谈过程中，当那个假病人大呼救命时，72 名不知真相的参与者所作出的选择。事后的统计显示：在一对一通话的那些组，有 85% 的人冲出工作间去报告有人发病；而在有 4 个人同时听到假病人呼救的那些组，只有 31% 的人采取了行动！

结论说明，当只有一个人在场的话，他对别人的帮助就责无旁贷，稍微具有社会公德的人，都会主动提供帮助。但如果有两个人或更多的人在场的话，这种责任就会自动地分散到每个人头上，变得不确定了，因此提供帮助似乎对于每一个人来说都成了别人的事。这也就是社会心理学上的责任分散效应。

责任感薄弱的人更易受到责任分散效应的影响，但我们生活中还是有很多见义勇为的人，在他人袖手旁观时，他们却能勇于承担起责任，甚至将生命置之度外，以换得"无悔于心"。

小贴士

敢于负责任，包括了两层含义，一是不推诿，二是不敷衍。责任感离我们并不遥远，它显现在生活的每时每处，具有责任感的人，不仅收获了他人的信任和信赖，也会给自己赢得尊重。

2 海纳百川，有容乃大（宽容）

古人云："海纳百川，有容乃大。"宽容是对别人的释怀，也是对自己的善待。学会宽容，可以化解矛盾，化干戈为玉帛。不懂得宽容，喜欢伸出两个手指谴责别人的人，在伤害了别人的同时也伤害了自己，因为"当你伸出两只手指去谴责别人时，余下的三只手指恰恰是对着自己的"。因此，在生活中，我们要学会宽容。

成长之路

有一次，孔子的得意门生颜回在街上看到一个买布的人和卖布的人在吵架，买布的大声说："三八二十三，你为什么收我二十四个钱？"

颜回上前劝架，说："是三八二十四，你算错了，别吵了。"

那人指着颜回的鼻子说："你算老几？我就听孔夫子的，咱们找他评理去！"

颜回问："如果你错了怎么办？"

那人回答："我把脑袋给你。如果你错了怎么办？"

颜回说："我就把帽子输给你。"

于是，两人一起去找孔子。孔子问明情况后，对颜回笑笑说：

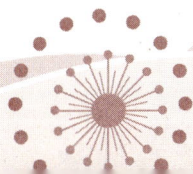

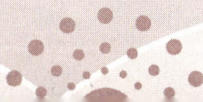

退一步另有蹊径

"三八就是二十三嘛,颜回,你输了,把帽子给人家吧!"

颜回心想,老师一定是老糊涂了。虽然不情愿,颜回还是把帽子递给了那人,那人拿了帽子高兴地走了。

接着,孔子对颜回说:"说你输了,只是输了一顶帽子;说他输了,那可是一条人命啊!你说是帽子重要还是人命重要?"颜回恍然大悟,扑通跪在孔子面前,恭敬地说:"老师重大义而轻小是非,学生惭愧万分!"

孔子淡淡地说:"躬自厚而薄责于人,则远怨矣。"意思是说,严于律己,宽以待人,那么就不会有那么多的怨恨了。

明知是对方无理,或者是对方错了,却不争不斗反而认输,虽然自己吃点小亏,但使别人不受大损。这种宽容的精神是难能可贵的。雨果说:"世界上最宽阔的是海洋,比海洋更宽阔的是天空,比天空更宽阔的是人的心灵。"宽容是一种宽广的胸怀,是对人对事的包容和接纳。

假如生活中,我们受到了不公正待遇或自己身边的人做错了什么事,我们用一颗宽容的心来包容他,而不是肆意地去发泄心中的愤怒,那么不仅冲突会得到更好的解决,人与人之间的关系也会变得更加融洽;否则不但问题得不到解决,互相之间的关系也会受到影响,于人于己均无益。

☕ 心灵感悟

孔子的"重大义轻小是非"是一种"宰相肚里能撑船"的肚量。人非圣贤,孰能无过?学会宽容,就是要善于包容他人的过失和缺点。宽容能够阻止矛盾的激化,浇灭怨气,化敌为友,是人和人之间必不可少的润滑剂。宽容别人是对对方的一种尊重、一种沟通、一种爱,更是一种力量。

古时候有一姓张的人家盖房子,院墙向外扩大了三尺。邻居见了,不愿意,也向外扩大了三尺。张家有人在京城做大官,便派人告到京城,想出出这口气。京城的张家人接到信后,不但没有替自家人出气,反而写了一封回信:"千里求书为道墙,让他三尺又何妨?万里长城今犹在,谁见当年秦始皇?"家人看后幡然悔悟,拆掉院墙,向后缩进三尺。邻居大受感动,也向后缩进三尺。于是就出现了一条传为美谈的"六尺巷"。

有的人不懂得宽容,对别人心眼比针眼还小。比如,走在路上,无意中被别人碰了一下,虽无大碍,却要与人争执半天;到商店买东西,遇到了态度不好的售货员,心里窝火就跟人吵起来;别人获得了荣誉,背后就抱怨这人并没什么能耐,是老师偏心袒护……对自己却截然相反,胸能容海,犯点小错总会找出掩过的理由。早晨上学迟到,没有什么大不了的;过马路闯了红灯,是在赶时间;走路不小心碰了人,不主动道歉,反而强辩不是故意的……如此一来,对别人的抱怨越来越多,自身的缺点也会越来越多。

人们经常在一起,就难免磕磕碰碰。遇事不宽容,小矛盾可能结成大疙瘩,如果为了一点点小事而放不下,耿耿于怀,以至于你看我不顺眼,我看你也别扭,不仅伤着了别人,也破坏了自己的心情,甚至会影响到身体的健康。

一个心怀豁达的人,拥有一颗宽厚包容的心,容得别人短处,善于发现别人的长处,以人之长补己之短,不仅使自己的人格不断健全,而且有利于人际交往的健康发展。你对我宽容,我必然对你也宽容,生活在和谐的气氛中,心情舒畅,套用广告词中的一句话说:"心情好,身体就好。"

心理加油站

生活中多一分宽容,多一点理解,人心之间就没有跨不过的鸿沟，我们也将会收获更多的快乐！那我们该如何做到宽容呢？下面介绍了三种基本的方法。

1. 包容他人的缺点。金无足赤，人无完人，有缺点和不足乃是人性的必然。和同学相交，和朋友相处，完全没有必要求全责备，完全可以求同存异。对于朋友的缺点和不足，对于同学心情不好时所说的话和所做的事，我们没有必要事事计较，事事都摆个公平合理。多原谅一次，多给人一份宽容，同时也就为自己多找了一份好心境，也会有助于我们更好更快地成长。

2. 学会心理换位。我们习惯于从自己的角度思考问题，而不习惯于站在别人的角度上思考问题。要消除这种现象，就要学会"心理换位"。所谓心理换位，就是指当双方产生矛盾时，能够站在对方的角度上思考问题。如果能够做到这一点的话，就能够理解对方，就能够化解很多不必要的矛盾。例如站在父母的角度上考虑，就会理解父母的良苦用心；站在爷爷奶奶角度上考虑，就会理解老人的那份关爱和唠叨；站在老师的角度上思考，就会理解老师的良苦用心等等。

3. 行为表现法。有时候，宽容不仅仅是一句"没关系"，这三个字还不足以让别人感到被原谅，还需用行为来表现。

真正的宽容是真诚的，自然的，没有丝毫强迫的意味。俗话说："吃亏是福。"其实这里面蕴涵的真正的内涵是宽容，生活里多一点宽容，生命就会多一份空间和爱心，生活也就会多一份温暖和阳光。

🌸 *心理空间*

英国科学家一项最新研究表明，整洁的确会影响一个人的道德判断力，一个人的双手是否干净，会影响他对别人的宽容程度。

英国朴次茅斯大学的斯科那尔博士与同事共同进行了这一研究。他们将44名受试者分成两组，这些人同时观看了一段长达

3分钟、有关吸毒成瘾的电影片段。接下来，第一组22名受试者被带入一间实验室。进去前，研究人员要求他们必须先洗手消毒；第二组受试者则不用洗手，直接进入实验室。接下来研究人员要求两组人回答一份问卷，是对之前所看电影片段的评价。结果发现，洗过手的受试者对不道德行为的容忍度要高于没有洗手的人。可见，手干净的人更愿意宽容和原谅他人。

　　研究人员表示，井井有条的环境会起到同样的作用。在投票选举时，如果投票人洗干净手，同时周围环境整洁，那他们更容易投出赞成票。若想得到他人的宽容，注重个人卫生很重要哦！

小贴士

　　宽容让这个世界充满了善和美，是人际关系的润滑剂。但是对自己的缺点和错误却不能一味地宽容。因为，只有不断发现自己的缺点和错误并及时改正，才能提升自己。

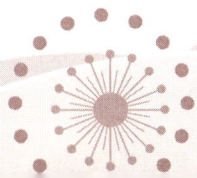

3 精诚所至,金石为开(真诚)

　　真诚的眼睛是清澈的,真诚的声音是甜美的,真诚的拥抱是温暖的。真诚,能够在人与人之间架起心灵之桥,通往对方心灵的彼岸,收获更多的爱与美好。虚伪,会随着时间的延长而越来越脆弱;真诚,却会随着时间的延长而越来越强大。

成长之路

　　1940年的一个下午,一个12岁的小姑娘边走边玩,一下撞上了迎面而来的一个老人。

　　老人蓄着一撮短而硬的小胡子,一双棕褐色的眼睛深陷在眼窝里,长着一头蓬乱的灰白头发。他一边埋头走路,一边像是在思考着什么。冷不丁被小姑娘一撞,他抬起头,友好地冲女孩一笑:"对不起,小姑娘,是我不小心。"说完,又低头向前走去。女孩望着老人,只见他穿的衣服又肥又长,整个人就像裹在一张大被单里,脚下趿拉着一双卧室里穿的拖鞋。

　　"嘿! 这个人简直就是从我的童话故事书里走出来的。"小女孩这么想。

　　回到家,她将碰到这老人的事情告诉了父亲。父亲听后兴奋地说:"孩子,你今天撞着了当今世界上最伟大的人。他是爱因斯坦!"女孩直纳闷:这个连衣服也穿不整齐的人,怎么可能是"最伟大的人"呢？

　　第二天，女孩又遇上了那老人。他仍是衣衫不整，仍是一面踱步一面埋头沉思。

　　"先生，你好！"小姑娘说，"我父亲说你是最伟大的爱因斯坦……"

　　"噢，他只讲对了一半，我是爱因斯坦，但并不伟大。"

　　"我说也是嘛，瞧你，穿衣服还不会呢，怎么谈得上伟大？"

　　听了这话，爱因斯坦那深陷的眼窝里突然放射出温柔的目光，他低头看了看自己的装束，两手一摊，肩膀一耸，冲小姑娘做了个鬼脸："你说得对，我是不会对付衣服鞋子这类玩意儿，但愿你肯教我。""这还不简单？"女孩将平日妈妈教给她的穿戴要领一口气全说了出来。

　　"能记住吗？"她问。

　　"也许能。"

　　第三天下午，爱因斯坦在路边等待放学回家的小姑娘。小姑娘看见他的时候简直吓了一跳，他整个变了一个人，按小姑娘说的那样穿戴得整整齐齐。

　　"爱因斯坦先生，你比昨天年轻了 20 岁。"

　　"是吗？太好了！我打算请你到我那里做客。"

　　小姑娘跟着爱因斯坦走进了他的工作室。工作室很大，到处

摆着书架和书，屋子中间摆着一张办公桌，桌上的东西乱得一塌糊涂。

"你得学会自己照顾自己。"女孩这样说。

"呵，小教授，请你再教教我。"

于是，小姑娘手把手地教起了爱因斯坦。从此，小姑娘每天放学回家，都要到爱因斯坦的工作室坐坐。

一天，小姑娘的母亲在街上遇到了爱因斯坦，她好奇地问："爱因斯坦教授，我女儿跟您在一起时，你们都谈些啥？""她教我怎样穿戴，怎样放东西和布置房间。我呢，什么也帮不了她，只好教她做数学作业。"

真诚孕育在平实之中，不需要浮华来装饰。有些演讲慷慨激昂却显得空洞无力，有些广告将产品包装得如梦如幻，却让人产生雾里看花的不真实感。真诚的话语直接坦白，虽然没有虚伪的语言好听，但是只有和真诚不断摩擦，我们的心灵才会明净如镜。

心灵感悟

爱因斯坦作为一名伟大的科学家，没有自恃清高，能谦逊地向一个孩子请教穿衣整理。他的真诚打破了年龄的界限，和小姑娘之间建立起真挚的友谊。

圣经上说："你想要别人怎样待你，你就要怎样对待别人。"只有你付出了真情，他人才会以真情待你。人与人之间的交往，去除防备、猜疑的心理，袒露出自己的真诚，那么相处会变得融洽、温暖。

疑心重的人，往往怀疑友谊的真诚，朋友的忠贞，亲人的牵挂，绞尽脑汁地设计出种种"圈套"去考验自己最亲的人对自己的真诚度，最终失去了友谊和亲情，弄得别人难受，自己也痛苦。我们在索求真诚的时候，要首先考虑自己是否付出了真诚。

缺少了真诚，就会导致信任危机的蔓延，人与人之间存在信任危机时，会导致负性情绪的产生(抑郁、焦虑等)，自我的内心也会充满矛盾和不协调,缺乏安全感,主观上感受到的幸福感降低等。

有一幅漫画上画的是一位香烟铺的老板与一位正在买烟的顾客,顾客手中拿着老板递给他的香烟,老板手中拿着顾客递给他的一张百元大钞。他们此时都想着同一句话:"他给我的不会是假的吧?"买家和卖家双方彼此不信任,颇具有讽刺意味。

社会缺少了真诚,人与人之间就会缺少基本的信任,彼此猜忌、怀疑,这样就很难齐心协力地把事情做好,也很难生活得幸福快乐。

我们有时会为自己的圆滑沾沾自喜,用巧言令色给自己建立厚厚的保护墙,和别人交往时,总会存在防备心理,不会与他人太接近,害怕受到伤害。但虚伪的面具总有一天会被揭穿。缺乏真诚的人精神是空虚的,人生是苍白的,内心永远无法做到坦然,心灵的魔咒永远挥之不去,只能躲在阴暗的角落里苟延残喘,把自己推入更加黑暗的深渊。

人与人的感情交流具有互动性,当你要求别人对你真诚的时候,首先得敞开自己的胸怀。只有当别人感受到你的诚意时,他才会打开心门接纳你,彼此之间实现沟通和共鸣。真诚也许不会立马让你被接纳和理解,但时间久了,你的真诚必然会打动身边的人。

一个善意的眼神,一个甜美的微笑,一句贴心的话语,一次倾心的交谈,随时可能像春日暖阳般消融坚冰。真诚像播种一样,你播种真诚的面积越大,播种得越仔细,你收获到的幸福就越多。

心理加油站

真诚绝不是简单的不掩饰。不注意方法的真诚,虽出于好心,却会扎到别人。中国有句古话叫"不看你说的什么,只看你怎么说的"。要能让真诚真正地为我们的人际润色,就需要把握以下几点:

第三篇 立世篇

1. 真诚不等于实话实说。有些人认为真诚就是实话实说,想怎么说就怎么说,而不应该去刻意修饰。人际交往中的真诚不是不假思索地将自己的感觉和想法说出来,也不是双方直接简单、毫无保留地相互袒露,它要求我们本着真实和诚恳,把那些真正有益于对方的东西系上美丽的红丝带送给对方。这样既做到了对他人负责,也没有伤害到他人。

2. 真诚应该是实事求是。有时我们会撒一些善意的谎言,但却不能偏离事实太远,置事实于不顾。例如一位身材很矮的男生,为自己的身高自卑,我们不能置事实于不顾,对他说:"别听别人的,你哪里矮了,我看你比别人高多了。"这样的话不仅不能让对方感到安慰,反而会让他因你的虚伪而气愤。

3. 真诚还应体现在非言语交流上。真诚不仅体现在语言上,还应该体现在非言语交流上。比如,关注的目光流露的是真诚;前倾、谦和的姿势表达的是真诚;无论对方与你的观点相差有多远,行为有多怪异,情绪有多低落,你的接纳就是真诚。

心理空间

人与人之间需要保持一定的空间距离。任何一个人,都需要在自己的周围有一个自己把握的自我空间,而当这个自我空间被人触犯就会感到不舒服,不安全,甚至恼怒起来。

一位心理学家做过这样一个实验。在一个刚刚开门的大阅览室里,当里面只有一位读者时,心理学家就进去拿椅子坐在他或她的旁边。80个人参与了实验。结果证明,在一个只有两位读者的空旷的阅览室里,没有一个被试者能够忍受一个陌生人紧挨自己坐。

一般而言,交往双方的人际关系以及所处情境决定着相互间自我空间的范围。真诚可以缩小空间的范围,拉近彼此的距离。真诚是维持友谊的纽带,能化解对立与冲突,怨恨、不满在真诚的关怀中融化,猜忌、误会在真诚的交流中圆解。多一点真诚,少一点伪善,我们的社会将会更加和谐。

小贴士

真诚,能使人常葆快乐,好运连连。以诚学习则无事不克,以诚立业则无业不兴,以诚交友则善缘广结,让我们用真诚的心来对待朋友和亲人,用真诚的心来对待生活。

4 守信是人一生的资本(守信)

为人处世,信守诺言是非常重要的。我们反对那种"言过其实"的承诺,也反对不经思考就许下的"轻诺",我们更反对"言而无信"、"背信弃义"的丑行!守信,能给人一种踏实感,能赢得他人的尊重和信任。承诺,给别人的是一份期待,给自己的是一份义务,担起的是一份责任。

成长之路

在感动中国 2010 年度人物评选中,来自湖北的信义兄弟孙水林、孙东林,以他们接力送薪的事迹,感动了全中国,也完美地诠释了人要信守诺言的准则。2010 年的 2 月 10 日,在北京当领班的哥哥孙水林为了赶在过年之前把工钱发到农民工手里,冒着风雪返乡,途中遭遇车祸,一家五口不幸遇难,弟弟孙东林为了完成哥哥的遗愿,强忍哀痛,来不及处理后事,赶在年三十返回家乡,将 33 万工钱分文不少地交到农民工的手中,他的义举打动了村里的人,上千人自觉参加了孙水林的葬礼。

之后,信义兄弟的事迹经由媒体传遍了中国,在全社会引起了强烈的反响,人们在赞颂两兄弟守信的同时,也反思了当前社会失信的现实。

确实，我们物质生活富裕了，但相对而言，道德素质的发展要缓慢得多。社会上不乏为了追逐私利而不顾他人利益甚至损害他人利益的人，信义在他们眼中，似乎成为他们赚钱的障碍，于是出现了拖欠农民工工资、欠债人卷款而逃等恶劣现象，这些都是当今社会信赖缺失的表现，正因为这样的现状，人们才对信义兄弟接力送薪的行为表现出特别的关注和赞赏，这也是对诚信回归的一种渴望和诉求。

同时，令人欣慰的是，这个社会也有很多像他们一样讲诚信、凭良心的人，好比和他们一起工作的60多位农民工兄弟，在账本丢失，全凭自觉领钱的情况下，他们并没有多领、冒领，很多人甚至表示只领一小部分就好。这些农人工兄弟和信义兄弟一样，都是有情有义的人。

孔子说："人而无信，不知其可也。"意思是说，一个不能信守承诺的人，不知道在这个社会上能做些什么。在古人眼中，信义是人的立身之本，失信则等同于小人，为正人君子所不齿。

诚信是我们在生活中不可丢失的贵重品德，它在当今社会占据的位置依然非常重要。一个丢失了诚信的人，是很难在这个社会上长久处于优越地位的，他终究会被诚信者所替代。所以我们如要在这个社会上获得成功，尤其是年轻一代人，一定要做到实现自己许下的承诺，信守承诺，做一个有诚信的人。

 心灵感悟

信义兄弟的事迹给那些只知追逐利益，毫无信义的人上了一课。信守诺言，无论对于企业也好，个人也罢，都起着非常重要的

作用。古人对信守诺言非常重视，可以从"一诺千金"、"一言九鼎"、"一言既出驷马难追"等成语获得证明。甚至，不仅平时对人守信，战时两军对阵，依然不改信念。

晋文公有一次派兵围攻"原"这个地方，行前宣布，如果三天攻城不下，即刻退兵。三天后，眼看对方援绝粮尽，只要再过一天就会投降，晋文公却坚持退兵，他觉得对人民信守承诺比攻占城池重要。结果就因为晋文公的诚信，反而感动了对方，主动献城投降。

诚信应该从小培养，但我们发现，学生中出现了很多不诚信的现象。例如抄袭作业，考试舞弊，还有些学生甚至打着学校收费的名号来向父母要钱，借东西不还等，这些都是恶劣的不诚信的行为。我们经常会看到也是最容易发生的不诚信的现象是，答应了别人的事情，却做不到。

在社会交往中，如果真能主动帮助朋友办点事，这种精神当然是可贵的。但是，办事要量力而行，说话要注意掌握分寸。有些事，确实难以办到，就应向朋友说清楚，要相信朋友是通情达理的，是会原谅的，千万不要打肿脸充胖子，在朋友面前逞能，轻率许诺。这样，不但得不到信任，反而会失去朋友。

一个能轻易许下承诺的人未必就是有诚信者，因为通常这些人在承诺之前是没有经过周全考虑的；而每个诚信的人必定是在慎重考虑过自己的能力之后才会许下承诺，因为对于一言九鼎，一诺千金的诚信者来说，一次失约、一次迟到都是不诚信的表现。

古人云："言必信，行必果。"诚信是我们中华民族的传统美德，更是我们青少年做人的根本。在我们今后的学习生活中，我们应该诚实为人，诚信做事。让诚信成为我们前进的动力！让我们从身边的小事做起。

生活中，我们应当身体力行从小事做起，"勿以善小而不为，勿以恶小而为之"，点点滴滴皆当认真对待，不轻易做出承诺，承诺了就要努力去做到。我们可以从下面几个方面来培养诚信的习惯。

1. 增强责任感，莫开空头支票。我们借了别人的东西，不按时归还，会影响到他人的正常使用。我们答应了别人的事情，而不能去做到，会让别人有了希望后又非常的失望。因此，对他人做出承诺的时候，要考虑到它的可行性和自己的能力，一旦许下了诺言就一定要努力实现。如果的确是非己所能为的，就一定放下面子，及时诚恳地向对方说明实际情况，请求谅解。

2. 抵制诱惑，遵守道德规范。作业完成不了可能会受到老师的批评，考试时看着题目却不知该如何下手，抄袭一下，问题就轻而易举地解决了；非常喜欢一件东西，但是没有钱去买，打着学校收费的名号来向父母要钱，或者把同学的偷拿回家，满足了自己的欲望；诸如此类，我们生活中有很多诱惑，抄、骗、偷的方式看似巧妙简捷地把问题解决了，但是我们却失去了诚信。

3. 莫夸夸其谈。面对自己力所不及的事，不要信口开河，夸夸其谈。人生的许多烦恼在于，为了一时的哗众取宠而许诺他人，结果为难了自己。万一做不好，则会让人失去对自己的信任，更加被别人看不起。

拉·皮埃尔在 1934 年进行的一项著名的态度与行为关系研究中，说明了人并不总是说到就做到的，经常会出现言行不一的情况。他的研究分成两个部分。

第一部分是现场研究。他本人带领一对中国留学生夫妇，开车游历美国，行程数万里。他们一起下榻了 66 个旅馆，光顾了 184 家饭店。随行的中国夫妇也单独去过数家旅馆和饭店，也未遭到拒绝，他们也像和拉皮埃尔一起时一样受到了良好的接待。

第二部分是问卷调查。6 个月后，拉·皮埃尔对他们旅行去过的每一家旅馆与饭店进行问卷调查，调查中有问题"你愿意接待中国人在你那里做客吗？"大部分填的是："不愿意"。

这个研究发现了，在问卷调查中，旅馆对中国旅客的态度是拒绝的，但是在现场研究中，他们都是接受中国旅客的，这就出现了言行不一。这可能是受到旅馆的特殊性的影响。

旅馆是通过收留旅客而盈利的，虽然在态度上是不接受的，但盈利的需求和礼貌接待顾客的要求，使得旅馆出现了言行不一的情况。所以，我们在做出承诺的时候，虽然我们在态度上是真切地想帮助他人，但还需考虑到可行性，情境的限制性，个人的能力，经过慎重考虑后，再给出承诺。

小贴士

诚信是人一生的资本，丢掉了诚信，就是丢掉了信任。一个人说话做事，都没有人愿意相信他，那将是多么的可悲！

5 宁向直中取,莫向曲中求(正直)

"宁向直中取,莫向曲中求",意思是说,要用正当的方式来得到想要得到的东西,不要用歪门邪道。人们常说,世间有一件事最难,那就是做人。做人难,难做人,人难做,人活在这个社会上,做一个正直的人更是难上加难。如果说到某某人是一个"正直的人",这就是对他人品的绝美赞扬。

成长之路

东汉时期,刺史欧阳参到下面巡视,太守成公浮对其没有像其他人一样阿谀奉承,饭菜也没有别处的丰盛,欧阳参对成公浮怀恨

在心,于是诬陷他犯了贪污罪。在没有任何证据的情况下,上奏皇帝说,成公浮贪污了官府钱银,同时派下属官吏薛安到郡府仓库,寻找成公浮的罪证,并命令他必须找到。

但成公浮为官清正廉洁,薛安费了九牛二虎之力也未找到任何罪证。只好找来负责管理仓库的戴就,想从他身上打开缺口。谁知戴就为人正直,断然拒绝了他

们的无理要求，并怒斥他们诬陷好人。欧阳参命令薛安对戴就严刑拷打，逼他就范，他们用尽了各种酷刑，戴就还是不屈服，并说："你们对我施酷刑，我管不着，但让我作假证，陷害好人，绝对办不到，你们就是打死我，我也不会作假证。"

薛安见硬的不行，就对戴就进行利诱，劝他认清形势，不要愚蠢地拿自己的生命去包庇贪污犯，许诺只要好好配合，保其升官发财，但戴就还是断然拒绝了。戴就不作假证，宁死不屈，垂名青史，让后人敬仰。

自古以来，我们中华民族涌现了许多正直不阿的人：海瑞、屈原、贾谊、魏征、任长霞……他们一身正气斗邪恶，刚直无私为人民；他们不被金钱美色所诱惑，不因亲朋好友徇私情，不向权势来低头，即使个人和家庭遭到恶势力的打击报复也毫不动摇。

曾经读过这样一篇寓言故事：老狐狸教小狐狸遇到弱者就咬，遇到强者就讨好献媚后，又教小狐狸练长跑。小狐狸不耐烦地说："爸爸，你不是说有了欺弱捧强的这两种本领后就能吃一辈子了，为什么还要练长跑？""孩子，"老狐狸说："这两种本领虽然是我们的传家宝，但如果要是遇上不吃这一套的强者怎么办？只有用跑来逃命呀。"小狐狸说："做个正直的狐狸不就用不着去学这些危险丢脸的本领了吗？""说是这样说，"老狐狸说："可我们狐族的祖宗八代不知试了多少次，要做到正直，要比学会这三种本领难上几万倍。"

"宁向直中取，莫向曲中求"的正义感，不仅需要有拒绝诱惑的勇气和很强的自我约束力，还需要有一股强大的心理力量支撑自己，抵住来自周围的压力和威胁，做出公正的判决。

心灵感悟

戴就宁死不做假证看似愚蠢、不值得，但时间证明，他的正直终为世人所理解，并被历代传颂。平时，当我们对人进行评价的时候,往往会以正直与否来论其人品。如果一个人不正直,那么其他的美德则无从谈起。

正直是什么?正直就是处事公正,磊落光明,无私无畏,刚正不阿。阿谀奉承,见风使舵,没有坚定的立场的人,充其量只是一个奴才,一个傀儡。其实任何人都不想被奴化,只是面对金钱、名誉、地位的引诱让他们迷失了做人的本性。人,为一己之私去委曲求全,算不上一个真正有血性的人。不顾自己的得失,去尊重客观事实,维护真理,这才是令人钦佩的勇者。

天下需要正直的人吗?需要。媒体上经常会出现这样的报道:英雄抓小偷,一个人抓,很多人看;小伙子在大街上救了车祸中的老太太,肇事者逃逸了,救人者却被赖上了;英雄在公交车上勇斗抢劫的歹徒不幸负伤,至今在医院里躺着,医药费却付不起,也无人问津;如果再这样下去,正直的人既流汗又流血,还要流泪的话,谁还愿做正直的人?

徇私情,诬告陷害,损人利己,乘人之危,落井下石,欺世盗名……这些,历来都被列为丑恶的行为我们不能对它们视而不见,听而不闻,知而不管。当然,更不能染上这些不正之风。也许这些恶行会给你带来暂时的利益,如果你喜爱通过这样的方式获得利益,那你就成为正直的敌人了。

虽然有人说,"老实人吃亏,正直人遭殃",但是我相信,做一个正直的人,良心不会受到谴责。也许你的正直会招来埋怨,但你的刚正不阿会渐渐被人知晓、理解,一定会受到公正的评价的。

成长在新时期的我们,要以那些正直的人为榜样,学习他们刚直的性格、正派的作风、公正无私的品德,从小做一个正直的人。不因他是班干部做了有损集体的事而袒护他,也不因他是调皮生而故意找他的茬;不因他是你的好朋友而偏袒他;不因威胁而去做有损他人的事,也不因他给你玩具、零食的诱惑而去做违反校规校纪的事。

心理加油站

正直的人一般都一身正气。做一个正直的人要办事公道,有正义感。就是说,你的所作所为要符合社会道德和良知规范。不贪图私利,不受人事关系所左右。那我们该怎样让自己身上有一股浩然正气呢?下面介绍了两种主要的方法。

1. **接受正义的熏陶**。通过看电影、书籍等方式,如描述革命先烈为新中国作坚贞不屈斗争的《红岩》、秉公执法的侦探片《神探狄仁杰》、注重江湖义气的《水浒传》等,那些人的精神是值得我们学习的,那种大气凛然的气度是值得我们敬佩的。

2. **不要盲目的"哥儿们"义气**。"哥们义气"是一种盲从,是一种情感上的冲动。有些人把哥们义气当作友谊,甚至不讲原则,违反校规校纪,互相包庇。一些人在哥儿们义气和原则之间徘徊,偏向原则的人可能会被认为不够"正直",不够哥儿们义气。但是哥儿们义气往往也是以维护小团体利益为出发点,为了报恩或复仇,不惜牺牲和损害社会或他人的利益,对不是自己的"哥们"则不讲感情,不讲友谊,最终结果必然导致害人、害己、害社会。

3. **身体力行法**。不说谎、不做假、信守诺言,不为了达到某个短期效果而欺骗他人;不因私情而袒护、包庇,使公正的天平倾斜;不在别人背后说坏话等。当人们把你评价为一个非常正直的人的时候,大概就有一身正气了。

心理空间

现在,让你和一个陌生人一起参加一个心理学实验。研究人员给陌生人 20 美元,并对他说:"你们俩分掉这些钱,你给自己留多少钱都可以,剩下的给对方,但对方可以选择接受或者不接受。如果对方不接受,你们俩就一分钱都得不到,这个游戏就结束了。"

美国斯坦福大学健康心理学家凯莉麦冈尼嘉博士介绍,这是一个经典的博弈测试。设想陌生人提出他拿 12 美元,给你 8 美元,你接受吗?如果他提出按 15∶5 分配呢?甚至 19∶1 呢?

从理性上说,拿到钱总比一分钱都拿不到强,因此人们无论分到多少钱都应该接受。但实际上,大多数人都会被明显的分配不公惹恼。如果认为对方太抠门,人们就会拒绝接受,这样大家都一无所得了,相当于给对方的自私予以惩罚——这在经济上是说不通的,却让人感到报复的快意。

有一类人在这种博弈中比一般人理性得多,这类人不会被不公平的痛苦所左右,而导致财务上不明智的抉择,因而在实际生活中会赚到比较多的钱。这类人是经常进行冥想的人。

根据神经科学的前沿研究,定期进行冥想超过半年以上的人在博弈测试中跟普通人的反应完全不一样,他们的大脑激活了与同情心、怜悯心有关的区域,提示他们试图去理解不公待遇制造者的心态,表现得更宽容。这是他们更容易接受不公待遇的原因之一。

小贴士

人人心中都有一杆天平,不要让外界的诱惑使天平倾斜。

6 一步一个脚印(务实)

学会跑之前,要先学会走;学会飞之前,要先学会扇动翅膀;学会算数之前,要先认识数字;任何事情,只有基本的技能掌握好了,才能学会复杂的。我们有自己的理想与目标,有人想当科学家,有人想成为人民教师,有人想做一个宇航员……但要实现他们,需要我们从现在做起,把基础打牢,勤勤恳恳、踏踏实实地填补理想和现实之间的距离,才能一步一个脚印地走上理想的阶梯,实现完美的人生。

成长之路

查理·贝尔曾任麦当劳的执行总经理,负责麦当劳在全球118个国家多达三万余个餐厅的运营。翻开贝尔履历,许多人生的亮点光彩夺目,而他深深铭记的时刻却是1976年。15岁的他迫于生计,到麦当劳求职。

那时,贝尔家境极其贫寒,他找到麦当劳店的店长,要求给他一份工作,贝尔营养不良,瘦骨嶙峋,脸上没什么血色,浑身土里土气。店长看他这副模样,委婉地拒绝他,说这里暂时不需要人手,希望他到别的地方看看。

过了几天,店长没有料到,贝尔又来了,言辞更加恳切请求他给份工作，即使是没有报酬也行。贝尔见店长没有吭声，贝尔感到有一点希望。他小声说："我看到您这里厕所的卫生状态似乎不是太好，这样也许会影响您的生意。要不，安排我打扫厕所吧。只要给我解决吃住就行了。"店长没有办法，就答应了让贝尔打扫厕所试试看。

扫厕所，在一般人眼中都是被鄙视的，认为是没有出息的工作。可是，贝尔却认为是他人生事业的一块最坚实的基石。

他每天清晨天还没有亮就起床，把厕所彻底清扫一次。然后每隔一段时间就去维持。不久，他对扫厕所也摸出规律：先把大的纸张扫了，然后撒干灰在那些湿的地方，让灰把水吸干，再扫，效果比直接扫好得多了。记得有一次，有人上厕所时，还看到贝尔睁着惺忪的眼睛在查看厕所是否弄脏了。

他还在厕所摆放了些花草，让人在麦当劳的厕所中也能够欣赏美。另外，还把自己记得的谚语警句写了贴在厕所的墙上，增加其中的文化气息，让人在方便的时候，也可以感受文化的魅力。贝尔的所有心思都放在厕所上，确实，他的到来，让那家店的厕所卫生状况大为改观，有人甚至说："比那些不太讲究的餐馆还要干净。"

经过三个月的考察后，店长正式宣布录用贝尔，并安排他去接受正规的职业培训。接着，店长又把贝尔放在店内各个岗位锻炼。19岁那年，贝尔被提升为澳大利亚最年轻的麦当劳店面经理。此后，他先后担任麦当劳澳大利亚公司总经理，亚太、中东和非洲地区总裁，欧洲地区总裁及麦当劳芝加哥总部负责人，直到后来担任管理全球麦当劳事务的执行总经理。

功成名就的贝尔接受媒体采访的时候，从来不避讳自己当年扫厕所的经历。他说扫厕所是对他最深刻的教育："一件事，你可以不去做。可是如果你做了，就要全力以赴地去做。有了把厕所扫得比某些人的厨房还干净的敬业和执著，还有什么事做不好呢？"贝尔就是从扫好麦当劳的一个厕所开始，一直到当好全球的麦当劳执行总经理。

万丈高楼平地起,任何一个目标没有踏实的努力,就如同空中楼阁般虚幻和不实际。人不是不能遐想,不是不能展望,但关键在于要付诸行动。如果只遐想,不学习,不实践,那就成了空想。空想只会减少实干的时间,从而也降低了成功的可能。

努力的成果也许没有立竿见影,但是每一个深深的脚印都是我们行动的见证,一滴滴汗水是我们辛勤的印记。只要我们脚踏实地,就可以问心无愧,而且我们相信,辛勤的耕耘一定是会有收获的。

心灵感悟

于细微处见精神。贝尔虽然是为生活所迫而打扫厕所,但我们从中可以读到的是:当你拥有了脚踏实地的务实精神,你的努力会让这份工作因此而发光,成功的道路从而被照亮。在当今社会,我们既要志存高远,又要着眼现实,脚踏实地把力所能及的事做好。

有些人追求成功的心情急切,没有意识到,自己现在的状态与目标之间还有好几步台阶要走,想要一步登天,这样往往会摔个大趔趄。还有些人去算命,算命先生说你将来是一个了不起的人,于是这个人认为自己可以不用学习和工作,等待运气从天而降,整天无所事事,最终成了最无用的人。因此,我们不能眼高手低,要着眼于现在,设立一个个具体的目标,目标要跳一跳能够着,然后再一步一个脚印地走好每一个台阶。

法国一家报纸进行智力竞赛时曾有这样一个题目:如果卢浮宫失火,当时情况只可能救一幅画,那么你救哪一幅? 多数人都说要救达·芬奇的传世之作——《蒙娜丽莎》。结果在成千上万的回答中,法国著名作家贝尔特以最佳答案赢得金奖。他的回答是:"我救离出口最近的那幅画"。

这个故事告诉我们这样一个深刻的道理:成功的最佳目标不

是最有价值的那个，而是最有可能实现的那个。有志向是一件好事，但要把远大的目标划分为小目标，我们的目标必须是跳一跳能够到的，然后逐渐靠近最终目标，而不能好高骛远。李大钊说："凡事都要脚踏实地去做，不驰于空想，不骛于虚声，而惟以求真的态度做踏实的工作。以此态度求学，则真理可明，以此态度做事，则功业可就。"

天下大事必作于细，古今事业必成于实。如果达·芬奇不一遍遍画鸡蛋来苦练基本功，就不会有后来的赫赫声名；如果没有李时珍几十年如一日的采集整理，就不会有《本草纲目》的诞生；如果没有数十年的韬光养晦，就不会有"苦心人，天不负，卧薪尝胆，三千越甲可吞吴"的神话。作为一名学生，树立远大的目标和理想固然重要，但这一切都应基于你脚踏实地的努力。我们没有大把大把的时间去空想我们的未来，我们需要着眼于"实"，脚踏实地。

心理加油站

学习没有捷径，也不能速成，从切实可行的基础做起，脚踏实地地学习，长久地坚持，你才能达到自己的目标。

认识自己。在制订学习目标之前对自己作个全面的评估，这样有助于你更好地了解自己的现状与实力，这样的目标才更具有可实施性和可行性。在评估中要切实考虑自己的不足，这样才能引起自己足够的重视，有意识地去加以克服。

把大目标化成小目标。要知道，每个重大的成就都是一系列的小成就累积成的，例如，房屋是由一砖一瓦堆砌成的；胖子是一口一口吃出来的。所以，你需要划分并完成你的小目标，然后一步步实现你的人生大目标。

监督。你也可以借助一些外力，包括让家长、朋友对你的学习计划进行评估，他们会在评估过程中纠正你的目标偏差，督促你更好地学习和改正缺点。

在认识自己——确定目标——监督的过程中，还需注意以下两点：

（1）选择合适的比较对象。在选择努力方向或者是竞争对手时，尽量选择一个身边的熟知对象，比如同学或者朋友，不要选择特别成功的公众人物。有远大的志向固然好，但不是每个人都能成为比尔·盖茨，选择一个合适的竞争对手，更有利于进步。

（2）克服懒惰。产生惰性的一个重要原因，就是为自己找出各种各样的借口。有的说："要是我像他一样努力，我也可以考出很好的成绩，只是我不愿努力罢了。"每个人都有许多借口。问题是你是让这些借口支配呢，还是主动去排除这些借口？惰性还可以通过培养规律的作息习惯来克服。

希望你能脚踏实地的在梦想与现实之间架上桥梁，一步一步筑起自己心目中雄伟的殿堂。

心理空间

心理学家做了一个摘苹果实验。他们将一群学生随机分成两个小组。让他们一起摘悬于半空中的苹果。两个小组摘苹果的方法各不相同。对第一组的学生,让他们一开始就去摘悬挂高度超过自己跳跃能力的苹果。对第二组的学生,则将苹果悬挂在他们通过努力跳跃就能达到的高度,然后再逐步提高高度。

开始时两个小组学生都非常兴奋,不断跳跃去摘苹果。结果不难想象,第一小组的学生根本摘不到苹果。而第二组的学生不仅摘到了不少苹果而且跳跃能力也有不少长进。心理学家紧接着让两个小组的学生都摘同样高度的苹果。

令人吃惊的是,情况大不一样了,第一小组的学生懒洋洋的,他们中的多数人走过场地应付几下;第二小组的学生则充满活力,他们不断跳跃,跳跃的平均高度明显高于第一小组。

维果茨基提出"最近发展区"教学理论,"最近发展区"是指,独立解决问题的实际发展水平与在他人指导下解决问题的潜在发展水平之间的差距。维果茨基认为,将教学目标确定在最近发展区内,是最有利于学生发展的,超出最近发展区之外的话,可能会挫伤到学生的积极性和自信心。所以说,确定一个合适的目标很重要,我们需要先找好位置,然后再踏踏实实地走下去。

小贴士

当有人劝你脚踏实地,一步一步来时,你或许对此不屑一顾:燕雀安知鸿鹄之志。以为自己是大鹏,可以一展翅便能冲上云霄。最终你会失望地发现,你错失了很多机会,自己还在原地踏步。梦想可以奢侈,但脚步必须踏实!

第四篇 行动篇

　　有些人总是喋喋不休地谈错失的机会，或者空谈梦想。如果你想在收获的季节果实累累，那么，必须在耕作的时节辛勤播种。唯有行动能弥补已经失去的，搭建通往胜利的桥梁。克服你的惰性，用果断抓住机遇，用执著点燃火炬，将理想付诸实践！当然，在前进的过程中，我们要自我约束，时常反省，这样才能少走弯路，并乐于将快乐与收获拿出来和他人分享。

1 业精于勤荒于嬉（勤奋）

"天道酬勤"，机遇往往只垂青于孜孜以求的勤勉者。勤奋就犹如一粒种子，而汗水和刻苦是种子发芽、成长、开花、结果的最好肥料。"书山有路勤为径，学海无涯苦作舟"，没有勤奋作为道路，就不可能攀登人生的高峰。

成长之路

王献之是王羲之的第七个儿子，自幼聪明好学，在书法上专工草书隶书，也善画画。他七八岁时始学书法，师承父亲。有一次，王羲之看献之正聚精会神地练习书法，便悄悄走到背后，突然伸手去抽献之手中的毛笔，献之握笔很牢，没被抽掉。父亲很高兴，夸赞道："此儿后当复有大名。"小献之听后心中沾沾自喜。

一天，小献之问母亲郗氏："我只要再写上三年就行了吧？"妈妈摇摇头。"五年总行了吧？"妈妈又摇摇头。献之急了，冲着妈妈说："那您说究竟要多长时间？"

"你要记住，写完院里这18缸水，你的字才会有筋有骨、有血有肉，才会站得直立得稳。"献之一回头，原来父亲站在他的背后。

王献之心中不服，啥都没说，一咬牙又练了5年，把一大堆写好的字给父亲看，希望听到几句表扬的话。谁知，王羲之一张张掀过，一个劲地摇头。掀到一个"大"字，父亲露出了较满意的表情，随手在"大"字下填了一个点，然后把字稿全部退还给献之。

小献之心中仍然不服，又将全部习字抱给母亲看，并说："我又练了5年，并且是完全按照父亲的字样练的。您仔细看看，我和父亲的字还有什么不同？"母亲果然认真地看了3天，最后指着王羲之在"大"字下加的那个点儿，叹了口气说："吾儿磨尽三缸水，惟有一点似羲之。"

献之听后泄气了，有气无力地说："难啊！这样下去，啥时候才能有好结果呢？"母亲见他的骄气已经消尽了，就鼓励他说："孩子，只要功夫深，就没有过不去的河、翻不过的山。"

献之听完后深受感动，又锲而不舍地练下去。功夫不负有心人，献之练字用尽了18大缸水，在书法上的技艺突飞猛进。后来，王献之的字也到了力透纸背、炉火纯青的程度，他的字和王羲之的字并列，被人们称为"二王"。

"成功的花，人们只惊艳它绽放时的明艳，然而当初它的芽，浸透了奋斗的泪水，洒遍了牺牲的血泪。"勤奋通常会被"聪明"的人搁置在一边，而他们也喜欢将失败归于"不够勤奋"，有时甚至对勤奋嗤之以鼻，以突显出自己的"聪明"。殊不知，方仲永的天才之智也会被惰性磨平，唯有刻苦努力，才能将才智发挥出来。

心灵感悟

王献之的成功告诉我们：一分耕耘一分收获，没有辛勤的付出，怎能收获累累硕果？勤奋是一粒成功的种子，付出就是在播种，不断地努力和行动会使你的成功之苗茁壮成长。勤奋犹如一块基石,多付出、多吃苦,成功的基础就越牢固,成功的几率就越大。

历史上很多有成就的人一直保持着勤奋努力的习惯,如孔子一生勤奋学习,勤展书简,次数太多了,竟使皮条断了多次。后来,人们便创造出了"韦编三绝"这句成语,以传诵孔子勤奋好学的精神。科学家袁隆平最中意的一顶桂冠却是——中国最勤奋的"农民"。年近八旬的他,依然经常出现在水稻田垄中。

很多人的成功,不在于他们有多么聪明,具备了多么有利的条件,而是终生奋斗不断进取,就像爱迪生说的:"天才,就是百分之一的灵感加上百分之九十九的血汗。"如果你是天才,勤奋将使你如虎添翼;如果你不是天才,勤奋也能弥补不足。

最宝贵的勤奋,不是身体上的勤奋,更重要的是精神上的勤奋。有些同学,晚上开夜车到 12 点,白天上课打盹,这不是勤奋。有些人认为,不停地学习、不停地工作就是"勤奋",而忽视了效率和效果,这是对"勤奋"的误解。"勤奋"应该是最合理充分地利用和规划时间,利用有限的时间做更多的事情。

我们不要做整天忙里忙外的机器人,在忙碌的同时,要保持思考的状态,这样才不会成为无头苍蝇,没有目标地撞来撞去后,却还是在原地。有句话叫"磨刀不误砍柴工",学会用休闲娱乐活动来放松紧张的神经也非常重要,放松是为了蓄足精力去做更多的事情。

当今时代科技进步,使我们的生活更加便捷,删减了很多繁琐的劳动和付出,但是勤奋仍然是必不可少的优秀品质之一。勤奋的人,能够克服倦怠,弥补眼前的不足,执着地追求目标,最终开拓出一条属于自己的道路。

下面用图表的方式告诉大家,该如何克服懒惰,培养勤奋的品质。首先,我们要对照自己的情况寻找懒惰的根源,找到根源后再

115

对症下药。

寻找懒惰的根源。想想自己是身懒还是心懒，大部分人都是二者皆有，只不过比例不同。

	身懒	心懒
表现	想得很多，打算了很多项目，但是一动就身体疲惫，行动上不足；对自己缺乏约束，不能持久坚持……	行动上很勤快，但是没有好好想想怎样才能更有效率；休闲活动很积极，学习上很懒散……
对症下药	如果你不够勤快，可以先从身体的勤快开始做起。自己分内的事情、能够做的一些家务、一些简单的小运动、不太需要很多脑力活动的事情，提醒自己不要拖延，也不要忽视，贴一条警语时刻提醒自己，能做的事情绝不偷懒。在运动和劳动中体会其蕴含的点滴快乐，你会发现身体没有那么疲惫，事情没有那么复杂，活动过后还能体会到身心舒畅的感觉，充实而又轻松。习惯后就可以和精神勤奋结合起来，做项目然后付诸实践。	精神的勤奋很重要，我们不能做没有思考的机器人，做事情要讲究效率。勤于动脑，善于思考，才能够使你做事效率更高一些，不再磨磨唧唧，裹步不前，既要对自己的发展和课业做出可行的项目，还要思考如何更好地去做，然后根据实际情况，检查存在的不足。多动脑子才可以少走弯路，但是要将脑力活动和体力活动结合起来。

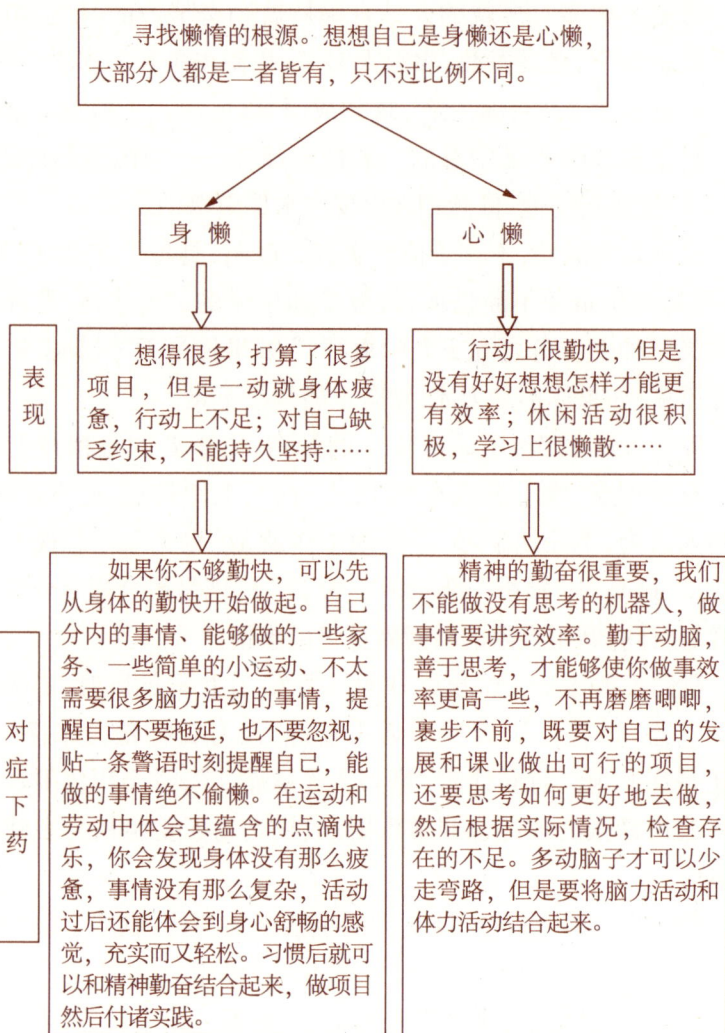

除了上图中提的建议外，确立奋斗的目标也很重要。目标是行动最好的激励源，勤奋所体现出来的就是一种坚韧不拔的毅力，有了目标的指引，才能够有前行的动力。将目标写下来，放在比较显眼的位置，如书桌前或者镜子边，当你想偷懒时，就会看到自己的目标，以此鞭笞自己。

🌸 心理空间

曝光效应，又称(简单、单纯)暴露效应、(纯粹)接触效应等等，它是一种心理现象，是指我们会偏好自己熟悉的事物。社会心理学又把这种效应叫做熟悉定律。

扎荣茨(Zajonc)曾经做过一个有趣的实验。他让一群人观看某校的毕业纪念册，并且肯定受试者不认识毕业纪念册里出现的任何一个人；看完毕业纪念册之后再请他们看一些人的相片。毕业相册中，有些人的照片出现了二十几次，有的出现了十几次，而有的则只出现了一两次。之后，请他们评价对这些相片的喜爱程度。结果发现，在毕业纪念册里出现次数愈高的人，被喜欢的程度也就愈高。也就是说，他们更喜欢那些看过二十几次的熟悉照片，而不是只看过几次的新鲜照片。

本实验显示，只要一个人、事、物不断在自己的眼前出现，自己就愈有机会喜欢上这个人(或事、物)。我们也可以将这个效应运用到我们的学习和生活中来。我们一开始对某件事物，或者某项活动不感兴趣，但是随着我们接触次数的增多，兴趣也许就会慢慢被培养出来了。

117

🐞 小贴士

成就和辛劳是成正比的，有一分劳动就有一分收获，日积月累，从少到多，奇迹就可以被创造出来。

2 机不可失，时不再来（果断）

机遇总是垂青于有准备的人，但更偏爱那些果敢决断迅速出手的人。在人生中，思前想后，犹豫不决固然可以免去一些做错事的可能，但可能会失去更多成功的机遇。果断是一把利刃，斩断拖延和徘徊的尾巴，让你轻装上阵。有了果断，才能速战速决，才能够与时间赛跑，书写新的战绩，谱写激昂的乐章。

成长之路

飞出新机型的极限性能是试飞工作的基本职责。极限飞行不同于常规飞行，随时可能面对飞机故障。按照宋义的话说，飞出故障就是贡献，虽然试飞员可能面临生死考验，但却能为飞机的设计定型提供准确依据。

2007年7月12日，试飞员张志强和张云磊按计划进行一种新机型的极限旋翼载荷测试试飞，担任指挥员的正是宋义大队长。天气晴朗，万里无云，谁也没想到，这一天试飞人员将迎来生死考验。

由于该机的许多部件都处于试验阶段，极限测试具有相当高的安全风险。刚起飞的一个阶段里，地面遥测设备工作良好，仪表指示正常。当机组成员正准备退出极限测试返回机场时，直升机却突然出现较大抖动，继而引发机体剧烈振动，很快仪表也变得难以判读。

这时，宋义的电台里出现了张志强焦急的声音："机体剧烈抖动，驾驶杆操作困难！""主减滑油温度警告灯亮！""尾减温度警告灯亮！""右液面低警告灯亮！""助力器卡滞警告灯亮！""右液压系统压力警告灯亮！""脚蹬操纵卡滞！"……凭借多年的试飞经验判断，宋义意识到这极可能是一起重大机械故障。

是要求直升机继续返航，还是就近着陆？

那一刻，宋义的大脑飞速转动。如果继续返航，直升机到达机场后可以得到最有效的保障，试飞员如果受伤也能得到最及时的救护，但返航的这段时间里不知会出现何种更严重的情况。如果选择就近着陆，直升机也可能因为野外降落点不平整而导致侧翻，从而危及试飞员的生命。

决策迫在眉睫。经过全面判断后，宋义抓起电台命令机组："紧急迫降！紧急迫降！"

"明白！"机组成员随即操纵直升机降落，成功迫降在一处村庄的水稻田里。

事后，经专家组分析，这是国内外直升机试飞史上一起罕见的事故。经检查发现：直升机机体多处断裂，升力系统遭到严重破坏，油管断裂，液压油漏光。如果指挥犹豫、决策失误，哪怕再耽误几秒钟时间，都有可能造成直升机空中解体，后果只有一个，那就是机毁人亡。专家认定，宋义的果断决策不仅挽救了战友的生命，也保护了国家的巨额财产，创造了航空科研试飞史上的奇迹。

果断是一种良好的心理品质，指果敢地做出决断，做事干脆利落，既能体现一个人的办事效率，还能说明这个人具备丰富的知识、经验和一定的魄力。宋义正是根据自己的知识和经验，临危不惧，稳定沉着，权衡利弊，作出判断，迅速地给出指令，抓住了解决

问题的最好时机，避免了机毁人亡。

☕ 心灵感悟

也许你们没有机会遇到宋义所面临的问题，无法体验那种危急时刻的淡定从容，但你是否有过因犹豫而错失机会的惋惜，对自己曾经没有及时出手的自责？生活总是充满了变数和缤纷，有时候需要你慢慢体会，一点一点去感悟，有时候又需要你能够及时迅速地做出判断。

想一想你的生活中，有没有因为犹豫不决而失去良机，有没有因为自己的徘徊或者武断下结论而懊恼过呢？也许曾经有一个学习、出游、结交朋友或者其他的机会，或者是得到某个自己喜欢的东西，如衣服、书籍或者模型的机会，但是你迟疑了，或许因为一时的懒惰，或许是害怕被拒绝，或许是害怕失败，最后你与那个机会擦肩而过。如果恰巧遇到身边类似的同学，得到了那个机会，或者买到了那件东西，此时你会更加地懊丧。

还有一些时候，你很及时地做出了某些行动或者说出了一些话，但是缺乏足够的思考，做出的判断缺乏考虑，办砸了事情或者伤害了同学间的友情。这件事对你造成了阴影，以后你说话或者做决定的时候，都会变得犹豫不决，谨小慎微。但是，由此而形成犹豫的习惯是得不偿失的。

奥斯丁·普尔普斯说："要时刻寻找机遇，当机遇降临时要果断、及时地把握它，充分利用它并去争取成功——这是成功者必备的三种重要品质。"思前想后，犹豫不决固然可以免去一些做错事的可能，但可能会失去更多成功的机会。"没有机会"、"错过机遇"，是失败者的推脱之词。其实机遇无处不在，犹豫不决、整天胡思乱想坐等机会的人，是会被机会抛弃的人。不是机遇不光临他们，而是他们的犹豫不决让其溜走了。

既然某件事值得着手去做，那就不要犹豫，果断去做。聪明的猎人不仅要跟踪猎物，更重要的是，会在适当的时机毫不犹豫，果断出击，最终抓获猎物。在这个什么都讲究效率的时代，作为当代青少年学生，更应该把握机遇，培养果断的品质。

养成果断的品质，可以使你抓住稍纵即逝的机遇，更好地驾驭未来的航向。果断力的培养还要求我们有很高的判断力，在缺乏正确判断的情况下，果断只能是不负责任的妄下结论。我们应从书本、生活中广泛学习，以提高自己的判断能力。做事果断，即使错了也不要后悔，无论怎样都不要后悔，后悔的情绪比你做错的事更可怕，因为这会摧毁你的自信，甚至会让你一错再错。

心理加油站

也许胆大是天生的，但是果断却是需要培养的，需要以知识、经验、思考和权衡为基础，才能够果敢地做出决断。果断的风格是可以通过训练和学习来养成的，也许会有一点弯路，有一点挫折，但会让你尝到胜利果实的甘甜，让你感受到生活的节奏。

1.**创造机会，积极争取**。应在一定范围内给予充分的自主机会，自我决策和选择的权利，凭自己的思考、能力去决定做什么事，如何做。鼓励自己拿主意，选择自己要做的事情和怎么做。和父母协商一些事情，如决定自己衣服的样式颜色、假期旅游的地点、周末的安排等。

2.**争分夺秒，速战速决**。如果发现好的机会，你就必须抓紧时间，马上采取行动，才不至于贻误时机。有时候在犹豫的那会儿，机会已经悄然流逝了，你只能后悔莫及。

3.**权衡利弊，扭转局势**。人们在决断时，常常会碰上两种选择，有时会感到两者各有利弊，很难做出决断。在这种情况下，应根据

"两利相权取其大,两害相权取其轻"的原则。"鱼我所欲也,熊掌亦我所欲也,二者不可得兼,舍鱼而取熊掌者也。"如果你迟疑不决,则可能你不仅会失去鱼,也会失去熊掌。

4. 有时也要"一意孤行"。我们当然需要虚心听取别人的意见,吸取众人的智慧和经验教训,但却不能因此而束缚住自己前行的脚步。有时当大多数人不同意甚至于全部都不同意某事,而你却十分向往时,就需要你立稳脚跟,坚定自己的意向。

如果你想消除犹豫的毛病,养成果断决策的习惯,就要从今天开始,永远不要等到明天,督促自己从现在就开始有意识地去做!

心理空间

蝴蝶效应是指在一个动力系统中,初始条件下微小的变化能带动整个系统的长期的巨大的连锁反应,这是一种混沌现象。蝴蝶在热带轻轻扇动一下翅膀,遥远的国家就可能造成一场飓风。

美国气象学家爱德华·罗伦兹1963年在一篇提交纽约科学院的论文中分析了这个效应。这个效应最常见的阐述是:"一只南美洲亚马逊河流域热带雨林中的蝴蝶,偶尔扇动几下翅膀,可以在两周以后引起美国德克萨斯州的一场龙卷风。"其原因就是蝴蝶扇动翅膀的运动,导致其身边的空气系统发生变化,并产生微弱的气流,而微弱气流的产生又会引起四周空气或其他系统产生相应的变化,由此引起一个连锁反应,最终导致其他系统的极大变化。

蝴蝶效应告诉我们:你做的一个很小的选择或者决定,哪怕十分微小,这个变化会经过不断放大,对你未来状态造成极其巨大的影响。微小的坏的机制,如果不加以及时地引导、调节,会带来非常大的危害;微小的好的机制,只要正确指引,经过一段时间的努力,将会产生轰动效应。因此,我们要重视每一个决定。

小贴士

人生中，成功的机遇稍纵即逝，唯有果断才能抓住机遇取得成功，而犹豫只能眼睁睁看着机遇从身边溜走。

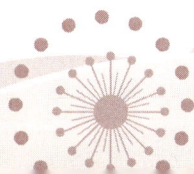

3 坚持就是胜利（执着）

　　每个人小的时候，都会有一个美丽的梦想，可是长大了以后又有谁会记得呢，又有谁会执着地走下去呢？执着是在困难面前不退缩，坚持到底的表现。请给自己留一份执着，不到最后一秒就一定不放弃，不管是成功还是失败，只要执着地追求过，就不会留下遗憾。

成长之路

　　张海迪1955年出生在山东半岛文登县的一个知识分子家庭。5岁的时候，胸部以下完全失去了知觉，生活不能自理。医生们一致以为，像这类高位截瘫病人，一般很难活过27岁。

　　在死神的威胁下，张海迪意识到自己的生命或许不长了，她为没有更多的时间用来工作而难受，于是加倍爱护保重自己的身体，并且珍惜分分秒秒，用勤奋的学习和工作延续生命。她在日记中写到："我不能凑数地活着，活着就要学习，就要多为大众做些事情。既然是颗流星，就要把光留给人世，把一切奉献给人们。"

　　有一次，一名老同事请她帮忙翻译。看着这位同事走了，张海迪便决心进修英语，掌握更多的知识。从此，她的墙上、桌上、灯上、镜子上，乃至手上、胳膊上都写上了英语单词，还规定天天晚上不记 10 个单词就不睡觉。家里来了客人，只要会点英语的，都成了她的老师。经过七八个年头的努力，她不但可以浏览英文版的报刊和文学作品，还翻译了英国长篇小说《海边诊所》，当她把这部书的译稿交给某出版社的总编时，这位年过半百的总编感动得流下了热泪，并热忱地为该书写了序言:《路，在一个瘫痪姑娘的脚下延长》。

后来，张海迪又进修了日语、德语和世界语。认准了方向，不管眼前横隔着多少艰难险阻，都要超越阻碍，到达成功的彼岸，这便是张海迪的脾气。

张海迪在轮椅上唱出了昂扬激越的生命之歌，这支歌的主旋律坚持执着，不畏艰难，坚持做一件事情，就一定会取得成功。

执着就是坚守，在那纷至沓来的诱惑面前，如同锚锭一般坚强稳定，稳住游离不定的心思；执着就是忘情而又专注，是那一心一意、全神贯注的追寻，是那锲而不舍的探索；执着就是热情的投入，是一份深深的眷恋，是我们不舍的追求。执着追求梦想的岁月是艰辛的，但也必然是幸福的。

心灵感悟

也许你没有听过张海迪的故事，但是上一辈人却是在她的事迹中成长起来的，从她身上，我们可以看到:再难的事情，只要去做，一点一点去积累，执着于自己的信念，可能需要付出很多，也会经历些许困难，但总会获得成功，甚至会有你意想不到的收获。

悠悠十几载，我们在不知不觉中长大。曾经，也许我们哭过、笑过、失败过、成功过、等待过、绝望过，但我

以一份执着不变的心勇往直前变的心勇往直前迎向未来

第四篇 行动篇

们最终还是一路走来，不曾退缩也不曾放弃，仍然拥抱着最初的梦想，执着地继续着自己的青春。小时候，你执着于喜爱的玩具，得不到不肯罢休，执着于自己的游戏，不结束不回家；上学的时候，执着于钟情的画册，爱不释手，执着于老师的表扬，得不到会有一点难过；中学了，你开始执着于自己的思想，筹划着自己的生活……生活中，成长中，还有以后的人生中，我们总会遇到自己执着的东西或者事情，无怨无悔地坚持着。

意志不坚定，经常左右摇摆的人，常常会被太多的选择所干扰，从而忘记自己最初承诺要达成的目标，一不留神，就会跑到另一条毫不相干的道路上。就如小猫钓鱼一样，一会儿去捉蝴蝶，一会儿去捉蜻蜓，最后，一样都没有干成。

执着于正确的，是一种坚持，是意志坚定的表现；执着于错误的，是一种执拗，是执迷不悟的表现。执着是放不下心中的梦想，因为放不下，所以不断努力，直至完成。执迷是听不见他人的意见，一意孤行，最后才发现，自己坚持错了。有些人会执着于自己的爱好，有些人执着于一个不被多数人理解的行动等等。绝大部分的执着是没有明确的对与错的，选择要做的事情的时候，请思量清楚：是否真正想要做？决定了，就要坚持下去！

青春给我们张扬叛逆的权利，但我们的心中需要有个梦想，指引我们沿着自己的路走下去。留一点执着给自己，闯出一片属于我们自己的天地！

心理加油站

讲执着，不是要求你不撞南墙不回头，也不是要你执着于一些虚幻缥缈的理想，而是坚持做你认为正确的事情，坚持做你应该做的事情。选择你的基点，培养你的执着，开始你的征程——

1. 从小事做起。可以通过生活中的一些小事来磨炼自己。比如干一些自己力所能及的"苦力活"，或者选一些对自己的耐力有挑战性的运动,可以培养出执着的性格。其实学习也可以培养执着的性格,比如一些难题,自己动脑去思考,不依赖别人,锻炼自己的耐性。做一件小事情,我们也要认真对待,志存高远,脚踏实地地去做事情。

2.**明确具体的目标**。知道自己想要什么,这是培养执着精神的第一步,也是最重要的一步。有明确的目标,你方能克服困难,坚持下去。把目标确定下来后,一定要将其分解为触手可及的具体的小目标,这样,阶段性的成就能够激励你持续地奋斗下去。

3.**培养欲望**。一个人在追求他渴望的东西时,就比较容易培养并保持韧性。要对你所执着的有强烈的欲望,这样才会有十足的热情,让你觉得追求的过程也不是那么枯燥,增添一份好的心情。

心理空间

固执心理是一种偏执型人格障碍。这类人具有敏感多疑、好嫉妒、自我评价过高、不接受批评、易冲动和诡辩、缺乏幽默感等特点。固执的人常常发生与朋友分手、与恋人告吹、夫妻不和、父子反目等情况,因而可以说,固执是人际交往的大敌。固执可分为感觉性固执、记忆表象固执、情绪固执,这些心理现象可以连成一体,形成一种习惯,当别人破坏这种习惯时,就会使个体产生不愉快、不舒服,甚至苦恼的情绪,从而引发攻击性行为,表现出强烈的固执。

很多时候,在身边有一些"悲情人物"。他们有一个共同的特点,那就是虽然并不愚钝,却常常陷入某一个绝对没有好处的事情中不能自拔。任凭周围的亲戚、朋友、旁观者如何劝说,他们总是执迷不悟,甚至还要找出很多幼稚的理由来欺骗自己,直到有一天,当他受尽折磨,终于解脱的时候,才幡然醒悟,追悔莫及。

生命的每个阶段每个选择都很重要,一旦做出了选择,就要勇

敢地走下去,因为如果一路上不够坚定、不够执着、不够全力以赴,那么就算当初的选择是所有选择中最好的、相对完美的,自己也无法看到它真正开花结果、瓜熟蒂落。

小贴士

执着的力量,任何神力都无法代替,执着的努力,任何奇迹都可以创造。执着——是一种顽强不息的人生态度,坚持执着,就是坚持生命的本色!

4 成功源于自律(自律)

　　有了河岸的约束,河流才能更有力地奔向远方;有了引线的牵制,风筝才能更平稳地翱翔蓝天。自律就是约束河流的河岸,自律就是牵制风筝的引线。如果河流对河岸说,走开,你限制了我的发展,奔流的河水将再也无法奔向远方。如果风筝对引线说,走开,你妨碍了我的自由,脱线的风筝肯定会栽落深谷。

成长之路

　　鲁迅自幼聪颖勤奋,三味书屋是清末绍兴城里的一所著名的私塾,鲁迅12岁时到三味书屋跟随寿镜吾老师学习,在那里攻读诗书近五年。鲁迅的座位,在书房的东北角,他用的是一张硬木书桌。现在这张木桌还放在鲁迅纪念馆里。

　　鲁迅的父亲长期患病,家里越来越穷,他经常到当铺变卖家里值钱的东西,然后再在药店给父亲买药。有一次,父亲病重,鲁迅一大早就去当铺和药店,回来时老师已经

开始上课了。老师看到他迟到了,就生气地说:"十几岁的学生,还睡懒觉,上课迟到。下次再迟到就别来了。"

鲁迅听了,点点头,没有为自己作任何辩解,低着头默默回到自己的座位上。

第二天,他早早来到学校,在书桌右上角用刀刻了一个"早"字,心里暗暗地许下诺言:以后一定要早起,不能再迟到了。

以后的日子里,父亲的病更重了,鲁迅更频繁地到当铺去卖东西,然后到药店去买药,家里很多活都落在了鲁迅的肩上。他每天天不亮就起床,料理好家里的事情,然后再到当铺和药店,之后又急急忙忙地跑到私塾去上课。虽然家里的负担很重,可是他再也没有迟到过,而且每次都是第一个到学校的。

在那些艰苦的日子里,每当他气喘吁吁地准时跑进私塾,看到课桌上的早字,他都会觉得开心,心想:"我又一次战胜了困难。"

那个曾经给鲁迅留下深刻记忆的三味书屋和那个刻着"早"字的课桌,一直激励着鲁迅在人生路上继续前进。

人生如同轨道,通往成功的目的地,不仅需要明确的目标,更重要的是在前进的过程中,释放你的心理力量,并把它引导到正确的方向,否则将会偏离轨道,与成功失之交臂,自律就是起到规范行动方向的作用。自律,是我们走向成功的法宝之一。

一般情况下,自律和意志是紧密相连的,意志薄弱者,自律能力较差;意志顽强者,自律能力较强。自律就是在意志的支撑下,日复一日的自觉行动,加强自律也就是磨炼意志的过程。对自己严格一点,时间长了,自律便成为一种习惯,一种生活方式,你也变得越来越优秀。

心灵感悟

鲁迅先生没有向老师解释迟到的原因,而是将"早"深深地刻在了心里。先生认为,虽然迟到并不是因为懒惰,但迟到的行为表现出的是不端正的学习态度,情不可原,于是要求自己起的更早,留充足的时间去当铺、去买药,从此再也没有迟到过。

自律的养成是一个长期的过程,不是一朝一夕的事情。因此在日常生活中,我们要时时提醒自己要自律,勇敢面对各方面的自我挑战,不要轻易地放纵自己,为自己的缺点或者不良的习惯找借口,哪怕它只是一件微不足道的事情。

自律的方式,一般来说有两种:一是去做应该做而不愿做的事情;二是不做不该做而自己想做的事情。比如你每天早晨坚持锻炼身体,某一天天气特别寒冷,你不想冒寒冷继续坚持,但是你最终走出家门,继续锻炼,这就属于前者。后者的表现也较多,如许衡拒摘路边之梨解渴等。

对于我们每个人来说,有时候,最大的敌人就是自己。在生活中我们时时、处处、事事几乎都有战胜自己的任务。我们每个人都不可能是完人,难免存在不符合道德规范的欲望,所以我们要对其加以约束和牵制。自律,就是要求我们战胜欲望的诱惑,战胜自身存在的缺点和不良习惯,让自己向着更好的方向发展。有了自律,才能牢牢把握住自己。

自律也是修身立志成大事者必须具备的能力和条件:毛泽东当了国家主席,睡的是木板床,吃的是家常饭,穿的是打了补丁的衣服;孔繁森只身援藏,不计较个人得失,怀着一颗博爱的心,为藏民的困苦排忧解难;牛玉孺身为高官,却从不贪图半点个人享受,他一心扑在工作上,直至因病逝世……他们都是自律的典范,更是一面镜子,时时处处提醒着人们,不要忘记自律。

很多人不是没有才华,也不是没有机遇,但是缺乏自律。在当今这个时代,网络游戏、赌博、金钱、权利、朋友的邀约……诱惑无时无处不在,我们每时每地都需要自我约束。一个意志不坚定的人,很容易走向堕落。

自律是在没有人监督的情况下,自觉遵守规范,有意识地控制自己,把握原则,能够主导自己的心理和行为。但需要注意的是,自律绝不是用条条框框的规范来绑住我们飞翔的翅膀,而是严于

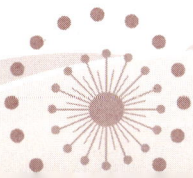

律己，让自己奔得更远，飞得更高。

　　一个自律的人，应该是一个懂得自爱，勇于自省，善于自控的人。自律，它能使人明于自知，使人养成良好的行为习惯，使人学会战胜自我，使人身心健康，使人高尚起来，建立良好的人际关系，同时它也是提高修养的一个起点和基本要求。

心理加油站

　　没有人可以在缺少自律的情况下获得并保持成功。如果想使自律成为你的资产，以下的行动值得一试。

　　1. **制订出你做事的优先顺序。** 如果一个人只看自己的心情和一时的方便而行事，肯定不会成功的。我们制订计划后，为了避免时间不够用，需要订出重要等级，分为最重要、重要、不太重要，刻意从其他的事情中抽身出来，这会让你有足够的精力去完成重要的任务。

　　2. **养成自律的生活方式。** 自律不能只是偶尔为之，它必须成为你的生活方式，特别是在你视为重要的、需要长期成长来达到的目标上。例如：为了持续的写作及演讲，我每天固定将所读的资料存档起来，以作为日后参考之用。

　　3. **向你的借口挑战。** 如果想培养自律的生活方式，首要的功课之一就是破除找借口的倾向。正如法国古典文学作家佛朗哥所说："我们所犯的过错，几乎都比用来掩饰的方法，更值得原谅。"如果你有几个令你无法自律的理由，那么，你要认清它们只不过是一堆借口罢了。

　　4. **把目光放在目标上。** 无论什么时候，只要你把注意力放到工作的难度本身上，而忘了你要实现的目标，就很容易灰心丧气；如果沉浸于其中太久，就会养成自怜的毛病。下次当你再面对一件不得不做的任务时，心中就会企图走捷径而不按规矩踏踏实实去完成。所以，要把目光转回到目标上，认真权衡得失，踏踏实实

做好每一件事。

5.经常反思自己。自制自律达标卡,每天用一句话小结关于自己自律方面做得最好的一件事。在写自律达标卡的基础上,不断提高自律意识。还可以记录自己自律方面有转变的故事,学会总结,学会反思,不断提高自律能力。

心理空间

我们经常看到电视里,手段高明的政治家总是"喜怒不形于色"的,这是一种强自我控制能力的表现。尽管人们的自我控制能力有高下之分,但是每个人的自我控制资源都是有限的,当自我控制资源被消耗掉,我们就容易被冲动所控制,做出不理智的事情,说谎就是很典型的例子。

研究者邀请一些大学生来参加一个研究,他们被分成两组,研究之前先通过一些实验任务消耗实验组的自我控制资源。随后让他们回答一些问题,最后根据回答正确的问题个数决定他们的报酬。

当他们答完题之后,研究者让他们把答案画在答题纸上,但事实上答题纸上已有用铅笔标注的正确答案的印迹,但研究者却谎称这是因为答题纸不够了,让大学生不用理睬答题纸上的印迹,直接画出自己的选择。结果,那些没有消耗自我控制资源的学生基本上按照自己的思考进行了填写,而那些消耗自我控制资源的学生,却更多地说了谎,将自己的答案改成了正确答案。

这样一个小小的实验说明了一个很有趣的道理。以前我们以为一个人说谎是因为这个人道德品质不良,我们容易因为识破了别人的一个小小的谎言而对这个人全盘否定。现在看来,他们不过是在此时此刻,没有办法控制自己说谎罢了。所以,在我们感到精疲力尽的时候,保证充足的休息和精力,才能更好地自律。

一个善于自律的人，能够自我约束和自我控制，在成功路上必定能闯破种种诱惑，勇往直前！

5 反省是块磨刀石（自省）

法国一位牧师的墓碑上写着："假如时光可以倒流，世界上将有一半的人可以成为伟人。"如果时光倒流，我们会更好地处理事情，更好地面对问题，扬长避短，更好地实现目标。可惜时光是不可以倒流的，但我们可以经常回头看看自己走过的足迹。回顾过去就是自我反省的过程，能够找出存在的问题和不足，修正偏离轨道的航线。人无完人，只有勤于反省的人，才能日臻完善。

成长之路

有一个青年，有一天在街角的电话亭借用电话，他用一条手帕盖着电话筒，然后说：

"是王公馆吗？我是打电话来应征做园丁工作的，我有很丰富的经验，相信一定可以胜任。"

电话的接线生说："先生，我恐怕你弄错了，我家主人对现在聘用的园丁非常满意，主人说园丁是一位尽责、热心和勤奋的人，所以我们这儿并没有园丁的空缺。"

青年听罢便有礼貌地说："对不起，可能是我弄错了。"跟着便挂了电话。

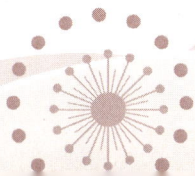

电话亭的老板听了青年人的话，便说："青年人，你想找园丁工作吗？我的亲戚正要请人，你有兴趣吗？"

青年人说："多谢你的好意，其实我就是王公馆的园丁，我刚才打的电话，是用以自我检查，确定自己的表现是否合乎主人的标准而已。"

反省，是平心静气地正视自己，客观地评价自己，这既是一个人修性养德必备的基本功，也是增强实力的重要途径。古人云："见贤思齐焉，见不贤而内自省也。"一个懂得反省的人，善于寻找自己的不足，发现自己的优势，扬长避短，使自己变得更加完善，更好地向目标迈进。

俗话说，磨刀不误砍柴工。回顾过去就是反省自我的过程，也是认识自我的过程。法国文艺复兴时期的作家拉伯雷说过："人生在世，各自的脖上扛着一个褡子：前面装的是别人的过错和丑事，因为经常摆在自己眼前，所以看得清清楚楚；背后装的是自己的过错和丑事，所以自己从来也看不见，也不理会。"

有个年轻人向心理医生诉苦，说他的母亲经常啰啰嗦嗦，令人感到十分厌烦。经过接触，心理医生发现他的母亲的确十分啰嗦，但是同时发现她本来不是这样的，她之所以变得啰嗦，是因为在她只吩咐一两次的时候，儿子从来就没把事情做成，总要她三番五次地提醒，久而久之，就变得啰嗦了。儿子不把母亲的话放在心上，却从来不检讨自己，反省自己的作为，而只是"理直气壮"地把过错推给苦口婆心的母亲。

反省就是回过头去看看背后的褡子。反省是一种能力，是对自我做深刻检查和思考，把自己做人做事不对的地方想清楚，然后有意识地提醒自己纠正错误。一个不知道反省自己的人，有了过错而不自知，很难进步，总是站在跑道的起点上周而复始地画零。

反省就是一块磨刀石，不断打磨着我们的人品，让我们越来越优秀。若将人生比作茶，反省就是水，只有多泡几遍，茶水才会更香更浓。

青年人通过这种方式来检查工作完成的情况,以监督、鞭笞自己。如果年轻人能够反省自己的问题,就不会理直气壮地责怪母亲的唠叨。反省是自我认识的过程,每一个人都不是完美的,反省的目的在于建立一种监督自我的内在反馈机制。通过这种机制,我们可以及时知晓自己的不足,及时纠正不当的态度。

反省不一定全部是反面的,有时候正面的东西也需要加以总结巩固。错误的东西会使你变得更加清醒,正确的东西会使你变得更加聪慧。反省重过程,不管成功和失败,都应多反省多总结,思考我们是怎样把事情做错了,可以吸取哪些教训,怎样才能做好,或者怎样才能做得更好。

成功学专家罗宾认为,反省是认识自我、发展自我、完善自我价值的最佳方法。每个人都在忙碌中生活着,被生活中的琐事所困扰,在抱怨时间不够的同时又在浪费着时间,却没有多少人可以静下心来,拿出纸和笔,总

结一下生活中的成功和失败,寻找一下成功和失败的具体原因,反省一下自我。特别是在事情没做好的时候,我们会习惯在别人身上找原因,比如,考试没考好,抱怨老师知识点没有讲到,而不去反省自己的学习方法是否需要改进。

有位作家的书房里,赫然醒目地挂着一张条幅:在飞逝的今天,你为生活留下了什么? 而且问号写的特别大。我们不妨在每天结束时也好好反省一下,问问自己:今天我到底学到了什么? 我有什么样的改进? 我是否对所做的一切感到满意? 作为学生,每天睡觉前,问一下自己:我今天学到了些什么? 这个习惯有助于刺激我

们不断汲取新的知识,产生新的思想,不断进步。如果你每天都能因自己在进步而感到快乐,必然能够获得意想不到的丰富人生。

那些成功人士之所以能够不断地进步,就在于他能够不断地自我反省,找到自己的缺点或者哪些事情做得不足的地方,然后再改正过来,以保持完美的态度去做事,从而取得一个又一个的成功。

心理加油站

我们可以通过下面介绍的几种方法来培养反省的习惯,磨炼自己的意志,增长自己的智慧,调节自己的情绪,净化自己的心灵,开阔自己的胸怀,坚定自己的信心,提升自己的能力,使自己看问题更深刻,兴趣更持久,情绪更乐观,心态更积极,学习方法更科学。

1. 每天写反省日记。每天记录自己的喜怒哀乐,记录自己的生活,学会自我检讨和激励。这是一种很好的方式。这可以让我们学会面对自己,与自我对话,在各种活动中去感受、去思考,并将这一切记录下来,留下自己成长的轨迹。日后通过翻检自己的记录,来回顾自己的成长过程,反省自己。

2. 给自己写信。写信是用健康的人生观和积极的态度来正确地认识、改变、激励自己,也是自我反省的一种非常有效的方式,应该说,它是反省自己的一种延伸。

3. 考试总结。写考试总结是一种很有效的学习方法。通过写考试总结,对自己的学习情况最终有一个清楚、冷静的认识。这种方法不但能总结成功的经验使自己继续保持,还能总结失败的教训使自己从中学习。总结可以分为以下三个部分:

第一部分,有关此次考试的总体情况及自己的成绩记录。例如,这次期中考试成绩如下:数学 89 分,语文 92 分,英语 97 分。这个成绩在班上排在第 5 名。其中语文是全班最高分(作文满分

40分,我得了 36 分)。班上同学普遍觉得语文偏难,数学题量大,近三分之一的同学没做完。英语觉得不难,但听写部分普遍不高。

第二部分,写此次考试失分的原因和成功的经验。例如,这次期中考试的最大失误,是数学没考好。所失的 11 分中,仅有 4 分是不会,其余 7 分,均是因为计算错误。那道 4 分的题其实也不难,课后老师一讲我就明白了。现特将此题抄录如下(略)。

第三部分,主要写以后应采取的措施。今后应注意两点:其一,考试是对学生细心的考查,要细致,再细致。其二,多做题。这次考试反映出我数学做题速度太慢。

4. **每日八问反省法。** 每天晚上睡觉前问自己 8 个问题:一问在家早读了没有;二问今天上课开小差没有;三问今天学习上提出什么问题没有;四问今天功课复习没有;五问今天预习明天的功课没有;六问今天计划完成了没有;七问今天有未懂的难题没有;八问今天有无浪费时间。把 8 个问题制成表格,每天按实际情况填写。一两周做到这每日八问并不难,但关键是要坚持下去。唯有这样,你才能真正步入学习的良性循环。

心理空间

教育心理学家发现,在学习上有两类人:内部控制者,外部控制者。内部控制者把学业成绩的好坏归因为个人的努力、勤奋程度和能力水平;而外部控制者喜欢把学习成败归结于运气好坏,学科的难易以及老师的教学水平。失败后,内部控制者从自身找原因,总结经验和教训;外部控制者则习惯把原因归到他人身上,怨天尤人,或干脆抱着无所谓的态度。

内控者相信自己能发挥作用,面对困难情境,会付出更大努力,加大投入。而外控者看不到个人努力与行为结果的积极关系,面对失败与困难,往往推卸责任于外部原因,不去寻找解决问题的办法,而是企图寻求救援或是赌博式的碰运气。

不少研究都证明了内部控制者更容易成绩好、进步快,而且日后的成就也较大。反省要求从自身找原因,是我们通向成功的一大法宝。

小贴士

反省过去,不是要沉溺于过去。过分沉溺于过去,只会失去现在。反省过去是为了更好地拥抱今天。

6 分享让你的快乐加倍(分享)

如果,我有一本书,你也有一本书,我们分享阅读,那么你和我就拥有了两本书;如果,我有一个思想,你也有一个思想,我们沟通分享,那么我们将拥有两个思想。如果你把快乐告诉一个朋友,你将得到两份不一样的快乐,而如果你把忧愁向一个朋友倾诉,你将分掉一半忧愁。分享让我们的快乐加倍,忧愁减半。生活因分享而快乐,因分享而美好,因分享而精彩。

成长之路

保罗在圣诞节前夕收到了一辆新轿车。是他哥哥送给他的圣诞礼物。圣诞前夜,他从办公室里出来,看见一个小淘气正在看他的新车,小男孩问道:"先生,这是你的车吗?"

保罗点点头,"我哥哥送给我的圣诞礼物。"小男孩吃惊地瞪大了眼睛,"你是说这车是你哥哥白白送给你的,你一分钱都没花?天呵!我希望……"他犹豫了一下。

保罗当然知道他希望什么。这个小男孩会希望他也有一个这样的哥哥。但是那小男孩接下去说的话却让他对这小男孩刮目相看。

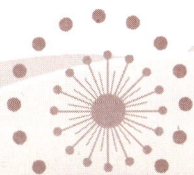

"我希望,"小男孩子接着说,"我将来能像你哥那样。"

保罗吃惊地看着这个小男孩,不由自主地问了一句:"你愿意坐我的车兜一圈吗?"

"当然,我非常愿意。"

车开了一段路,小男孩转过身来,眼里闪着亮光,说道:"先生,你能把车开到我家门口吗?"

保罗笑了,这回他想他知道这小男孩想干什么,这小男孩想在邻居们面前炫耀一下他是坐新轿车回家的,但是保罗又错了。小男孩请求他:"你能把车停到那两个台阶那儿吗?"

车停后,小男孩顺着台阶跑进了屋,不一会儿,保罗听到小男孩又返回来了,不过这次他回来很快。他背着他脚有残疾的弟弟,他把他放在最下面的台阶上,然后扶着他,指着车对他说:"伙计,看那新车,是不是跟我在楼上告诉你的一样。他哥哥送给他的圣诞礼物,他一分钱也没花,你等着,有一天我也会送你一辆车。那样你就可以坐在车里看一看圣诞节商店橱窗里那些好东西!"

保罗下了车,把那个小男孩抱进了车里,那位小哥哥也坐进了车里,他们3个人一起度过了一个难忘的夜晚。

从那天起,保罗真正懂得了"给予是快乐的"这句话。

生活需要伴侣,快乐和痛苦都需要有人分享、分担。当你乐于与他人分享时,别人也会对你敞开心扉。懂得分享的人,你的快乐会给他人带来快乐,你的幸福也是他人的幸福。你快乐时,会有人陪你一起笑;你悲伤时,会有人给你安慰;你心痛时,会有人给你拥抱。人生没有人一起分享,无论面对的是快乐还是痛苦,都是一种惩罚。

　　孟子曾经问梁惠王:"自个儿快乐,有人一起分享快乐,这两者哪一个更快乐呢?"梁惠王毫不犹豫地回答:"自个儿快乐不及与人分享更快乐。"淘气的小男孩没有独自享受乐趣,而是把它与家人分享,看到弟弟快乐了,小男孩就更高兴了。

　　分享就是把朋友和家人放在心中的重要位置,当你快乐时就会在第一时间想到他们;当你取得成绩时就想第一时间告诉他们。当他们感受到了自己在你心中所占的重要位置时,他们也会把你放在同等重要的位置。

　　在生活中,我们不但要乐于和家人分享,和朋友分享,也要学会与陌生人分享。分享的东西可以是食物,可以是经验,可以是快乐,甚至只是一个微笑。分享需要真诚,即使你分享的东西不咋样,别人也不会怪你。当你把你的经验和方法真诚地与他人分享时,别人不但不会嘲笑你,还会善意地与你交流,告诉你该如何改进。俗话说,三个臭皮匠胜过一个诸葛亮,诸葛亮再聪明,也敌不过三个人的脑袋。懂得分享,收获的会更多。

　　美国有一个农夫,他费尽周折弄来了一批优质玉米种子,当年播种后就获得了大丰收。邻居们对此非常羡慕,希望这个农夫能卖一些优质种子给他们。可是这个农夫为了保证自己的优势,断然拒绝了邻居的请求,结果这个农夫的玉米收成从第二年后逐年下降,专家前来研究后得出结论:原来是他的优质玉米传授了邻居田地里次等玉米的花粉所致。后来,农夫把优质种子无偿分送给街坊邻居,不仅自己和街坊邻居田地里的玉米都获得了大丰收,大家也都非常感激他。

　　自私的人,对自己的东西格外"珍惜",他们觉得只有自己的东西才是来之不易的,要想给他人付出哪怕一点点,他们都会觉得难以忍受。他们总是把自己放在第一位,不会从对方的角度来考虑问题,更谈不上去尊重对方。他们最擅长打自己的小算盘,因为自私,他们不能和别人建立亲密的关系,私心只会让他们成为生活的

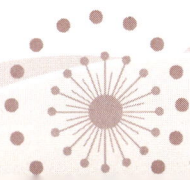

143

失败者。

自私的人，因为自私、贪婪，他们不懂得分享的美好和快乐，总在与其他的自私者为了各自的利益相互争斗，想把别人比下去。在争斗的过程中，只关注自己的发展，为了赢过别人，吝惜对他人的帮助。结果，不仅自己没有赢得胜利，反而因此陷入了孤立无援的地步，而未来成功的新典范不在于你赢过多少人，而在于你帮过多少人。

心理加油站

懂得分享的人是快乐的，每个人都想要快乐，那我们该如何学会分享呢？下面有几条建议。

1. 好东西不占为己有。 爸爸妈妈、爷爷奶奶总是把最好吃的留给我们，但我们不能养成把好东西都据为己有的自私的习惯。在饭桌上，多给爷爷奶奶夹菜；生活里，和父母分享糖果；学习上，和同学分享好书；休闲时间，和朋友分享你的心情。好东西只有拿出来分享了，才能更甜，更快乐。

2. 分享想法。 有一个人，在聚会上他总一个人讲个不停，很少听别人讲话。他当然是一个口才很好、很有学问的人，可是不会是一个很好的分享伙伴。多听听别人在说什么，可以共同探讨，分享观念和想法。有了思维的碰撞，想法就会更精彩充实。

3. 多参加伙伴的游戏。 缺乏同伴交往，会养成以自我为中心的习惯，不能顾及他人感受，不会关心他人的需求，不能与同伴和睦相处，不会分享。所以，我们要多参加小伙伴们的游戏，或者邀请小伙伴到家里一起玩，在游戏中，学会与人交往的技巧，养成关爱他人、谦让友好的习惯。

4. 明白分享不是失去而是互利。 其实分享不是失去，分享是一种互利。分享体现了自己对别人的关心与帮助，自己与别人分享了，别人也会回报自己同样的关心与帮助，这样彼此关心、爱护、体贴，大家都会觉得温暖和快乐。

心理空间

1967 年,美国哈佛大学社会心理学教授斯坦利·米尔格兰姆做了一个著名的实验。他招募到 300 多名志愿者,请他们邮寄一个信函。信函的最终目标是米尔格兰姆指定的一名住在波士顿的股票经纪人。由于几乎可以肯定信函不会直接寄到目标,米尔格兰姆就让志愿者把信函发送给他们认为最有可能与目标建立联系的亲友,并要求每一个转寄信函的人都回发一个信件给米尔格兰姆本人。

出人意料的是,有 60 多封信最终到达了目标股票经纪人手中,并且这些信函经过的中间人的数目平均只有 5 个。也就是说,陌生人之间建立联系的最远距离是 6 个人。1967 年 5 月,米尔格兰姆在《今日心理学》杂志上发表了实验结果,并提出了著名的"六度分隔"假说。

六度分隔现象(又称为"小世界现象"),可通俗地阐述为:"你和任何一个陌生人之间所间隔的人不会超过六个,也就是说,最多通过六个人你就能够认识任何一个陌生人。"

你和同学介绍你的朋友,朋友再向你介绍他的朋友,然后你再通过他的朋友认识另一个朋友……通过分享友谊,将获得更宽、更广的人际圈子。

145

小贴士

加利利海承接水源之后,将水给了下游,而死海纳入上游的水之后,却没有出口,因此水中累积大量的盐分,没有生物能存活。一个懂得分享的人,生命就像加利利海的活水一样,丰沛而且充满活力。

第五篇 完善篇

　　我们需要走走停停，多思考，如何让我们的生活更有品质，让自己更加完善。譬如，给生活添加点幽默，让智慧在岁月中沉淀等等。我们努力地学习，给自己充电，努力让自己做得更好。在不断追求的过程中，你是否真的清楚自己想要的是什么，是物质上的充裕，还是精神上的富足。只有多听听内心深处的声音，才能触摸到幸福。

1 幽默是生活的调味剂(幽默)

笑一笑,十年少。幽默是我们生活中不可或缺的一剂调味品,它能舒缓我们紧绷的神经,放松我们烦躁的心情,帮助我们从尴尬中解脱出来,从困境中摆脱出来。心情好的时候,幽默让我们的心情更好;状态低迷的时候,幽默让我们在会心一笑中,重拾信心和乐观。幽默像鲜花一样,点缀着生活中的每一个角落,为我们的生活增添美丽和芬芳。

成长之路

苏格拉底的妻子是一位性情非常急躁的人,往往当众给这位著名的哲学家以难堪。有一次,苏格拉底在同几位学生讨论某个学术问题时,他的妻子不知何故,忽然叫骂起来,众生大惊。继而,他的妻子又提起一桶凉水冲着苏格拉底泼了过去,致使苏格拉底全身湿透。当学生们感到十分尴尬而又不知所措的时候,只见苏格拉底诙谐地笑了起来,并且幽默地说:"我早知道打雷之后一定要跟着下雨的。"

这是著名的关于苏格拉底悍妻的故事。提及苏格拉底,在景仰他能对生活进行如此深入浅出的哲性阐释之余,便想起他与他那古今闻名的悍妇妻子的种种逸事。

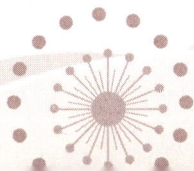

一直以为，苏格拉底妻子的存在是对他哲学成就的一种嘲弄，每每想起他们的故事，便想起一句话：秀才遇到兵，有理说不清。

但人们忽略了这些片段：

当苏格拉底打着赤脚，穿着破旧的长袍和披风，整天游荡在醉汉、鞋匠、小贩、老妇、艺妓之间时，他的妻子被她严厉的父亲问道："他什么事也不做，只会耍嘴皮子，他连一双鞋都没有，就像一个叫花子。你跟他生活，就为了要在一起饿肚皮吗？"

但美丽聪慧的妻子依旧选择坚定地跟了他。

在苏格拉底生命的最后，妻子来到他面前，她腰板挺直，黑得发亮的头发卷起梳成一个大髻，在悲伤中她仍保持着体面，整个面目都带着一种庄重的气质，她知道他喜欢她这样。她神圣地面对着太阳说："我的丈夫是一个伟大而智慧的人。"

在苏格拉底眼中，妻子是一匹可爱又执拗的小马，勇敢大胆，桀骜不驯。他爱着她的一切。临刑前，他对妻子说："你知道我们是彼此相爱的。当你对我唠叨时，我心里就好受些。你也知道，我甚至乐意听你唠叨……"这是苏格拉底和他妻子真正的爱情生活。

苏格拉底对妻子用幽默表达忍让和爱意，虽话语不多，却能使妻子的怒气出现了"阴转多云"到"多云转晴"的良性变化，使旁观者欣然大笑，也让我们更敬佩这位智者深厚的修养和坦荡的胸怀。

生活需要幽默，人们在会心一笑中，关系变得更加融洽，心情更加愉悦。其实我们每个人都可以变得幽默一些，它并不是高智商、喜剧演员的专利品。当你陷入窘境时，不妨巧妙地幽默一下，你便会轻松地摆脱窘境，消除紧张，解除尴尬，轻而易举地走出苦恼与难堪。以严肃的态度对待一切，而以轻松的态度对待生活，尤其是在面对生活中的种种不幸时，以幽默的态度来乐观地面对，这也是一种洒脱和豁达。选择幽默，选择快乐！

有人说过：幽默是思想、才学和灵感的结晶，是哲理和情趣的统一。苏格拉底的幽默让我们看到了他对妻子的包容，更看到了他作为大师的胸怀和修养。幽默的语言往往是经艺术加工的语言，以诙谐的情趣来传递的，具有很强的创造性和趣味性，同时又能让人有所领悟。

幽默的力量是强大的。幽默不仅能给你的生活增添一份情趣，还能帮助你巧妙地摆脱困境。比如，美国第13任总统柯立芝任期快要结束时，他发表了声明："我不打算再干这个行当了。"记者们觉得话里有话，老是缠住他不放，请他解释为什么不想再当总统了。实在没有办法，柯立芝把一位记者拉到一边对他说："因为总统没有提升的机会。"这一令人捧腹的回答，等于什么信息也没有告诉记者，但是他说的的确是一个事实。这个回答的高明之处在于，以事实回答了记者的问题，并且保护了自己的隐私，同时还缓解了紧张的气氛。

在对话、演讲等场合，有时会遇到一些尴尬的处境，如果这时用几句幽默的语言来自我解嘲，就能在轻松愉快的笑声中缓解紧张尴尬的气氛，从而使自己走出困境。一位著名的钢琴家，去一个大城市演奏。钢琴家走上舞台才发现全场观众坐了不到五成，见此情景他很失望。但他很快调整了情绪，恢复了自信，走向舞台的脚灯对听众说："这个城市一定很有钱。我看到你们每个人都买了二三个座位票。"音乐厅里响起一片笑声。为数不多的观众立刻对这位钢琴家产生了好感，聚精会神地开始欣赏他美妙的钢琴演奏，正是幽默改变了他的处境。

幽默的语言还能使气氛轻松、融洽。人们常有这样的体会，疲

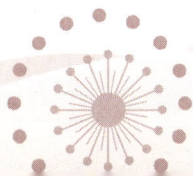

劳的旅途上,焦急的等待中,一句幽默话,一个风趣故事,能使人笑逐颜开,疲劳顿消。在公共汽车上,因拥挤而争吵之事屡有发生。任凭售票员"不要挤"的喊声扯破嗓子,仍无济于事。忽然,人群中一个小伙子嚷道:"别挤了,再挤我就变成相片啦。"听到这句话,车厢里立刻爆发出一阵欢乐的笑声,人们马上便把烦恼抛到了九霄云外。此时,是幽默调解了紧张的人际关系。

在生活中,面对他人的错误,我们用幽默巧妙地给指出来,既能正确无误地表达意思,又能达到不伤害别人的目的。

作者:"李编辑,我这首诗写得怎样?"

编辑:"写得太好了,水平相当高,完全可以发表。不过,有个地方须略微改动一下。

作者:"真的吗?那么劳驾您帮忙修改一下吧!"

编辑:"只要将你的名字改成徐志摩就行了。"

这里编辑采用幽默的方式既曲折地表达出了自己的意见,又给作者留足了面子。如果编辑直白地说:"你这首诗完全是照抄徐志摩的。"虽然很简洁,意思也能表达得很清楚,但是这样就会伤害到作者的脸面和自尊。

从上面的故事中,我们看到了柯立芝用幽默巧妙地摆脱了困境,旅客的幽默浇灭了一触即发的怒火,编辑幽默的批评方式,给作者留下了尊严……

在我们的生活中,还有很多故事中蕴含着幽默的智慧,幽默感体现了一种成熟的人生智慧和对世态人心的深刻洞察。幽默不仅让我们自己的生活充满乐趣,你的幽默还能"传染"给周围的人,使他们的生活也充满欢声笑语。

 心理加油站

幽默是一种奇妙的语言,它能够激起欢笑和快乐,把大家带进愉悦的氛围。西方的一些公司将幽默作为一项杰出的能力进行考

察,甚至还对员工进行"幽默培训"。一个幽默的人,身上总是会散发出特别的魅力,那么,我们应当怎样培养自己幽默的品质,让自己也成为一个有魅力的人呢? 下面给你一点小建议。

1. **扩大知识面**。幽默是一种智慧的表现,它必须建立在丰富知识的基础上。唯有拥有广博的知识,才能做到谈资丰富,妙言成趣。因此,要培养幽默感必须有广泛的涉猎,充实自我,不断从浩如烟海的书籍中收集幽默的浪花。

2. **打破常规思维**。反常的思维方式往往能"岔"到有趣的方面去,进而捕捉到生活中的喜剧因素。比如国外有个演说家叫罗伯特,是个光头,有人揶揄他出门老忘了戴上帽子,他说:"你们不知道光头的好处,我可是天下第一个知道下雨的人。"在这里,罗伯特并不避讳自己是"秃顶",反而赞美光头,于是便从自己身上找到了"喜剧因素"。他的思维的"反常"使他想的同别人不一样,于是便产生了幽默。

3. **培养深刻的洞察力**。幽默是运用经过艺术加工的语言再现现实生活中喜剧性的特征和现象,来传递某种特殊信息的一种表达技巧。幽默就是触景即发,涉事成趣,比喻恰当,语言诙谐,既出人意料之外,又在情理之中。所以需要提高观察事物的能力,培养敏捷的思维。

4. **灵活掌握幽默的技巧**。总结幽默中运用到的技巧,包括借代、夸张、拟人、反喻、讽喻、仿拟等。同学们可以多看一些幽默的故事,来仔细体会其中运用的技巧,在娱乐的同时,又塑造着幽默的气质。

心理空间

很多人都有过这样的经历,本来都在安静地学习,突然有人说了一句"作业太多了",结果"一石激起千层浪",抱怨的人越来越多,整个教室炸开了锅。这种一呼百应的现象在生活中非常普遍,

心理学家把它形象地叫做"波纹效应"，就像一块石子扔到水里一样，平静的水面会溅起波纹，一圈圈地不断扩散。

波纹效应，有好也有坏。比如看了某个电影，如果满意，你可能会说它好，引起大家的讨论，越说越觉得这个电影真不错；如果不满意，你的抱怨也会给听到的人留下不好印象。

美国洛杉矶大学医学院的心理学家加利·斯梅尔将一个乐观开朗的人和一个整天愁眉苦脸、抑郁难解的人放在一起，不到半个小时，这个乐观的人也变得郁郁寡欢起来。加利·斯梅尔随后又做了一系列实验证明，一个人只要 20 分钟就可以受到他人低落情绪的传染。一个人的敏感性和同情心越强，越容易感染上坏情绪，这种传染过程是在不知不觉中完成的。

因此，情绪不好时，别一直抱怨，以免把周围气氛都弄得压抑。当然，心情不错时，要记得大方地和大家分享，让快乐的涟漪传播得更远。

小贴士

幽默使人在轻松自然中领悟其中的真谛，但需注意的是，幽默勿以讥刺他人为乐事。带有嘲讽意味的幽默容易伤害到他人。

2 用斧子换得金靴(聪慧)

聪明多数得益于遗传,而智慧更多靠修炼。聪明靠耳朵,靠眼睛,所谓耳聪目明;而智慧靠心,所谓慧由心生。我们不能肯定上帝是否赐予了我们聪明,但希望通过后天的努力修得智慧。智慧不是轻易得到的——就像珍珠,是蚌经过血肉与沙砾的磨砺,才能得到的熠熠生辉的瑰宝。

成长之路

布鲁金斯学会创建于1927年,以培养世界上最杰出的推销员著称于世。它有一个传统,在每期学员毕业时,设计一道最能体现推销员能力的实习题,让学生去完成。完成的同学将获得金靴奖。

克林顿当政期间,他们出了这么一个题目:请把一条三角裤推销给克林顿总统。八年间,有无数个学员为此绞尽脑汁,可是,最后都无功而返。克林顿谢任后,布鲁金斯学会把题目换成:请把一把斧子推销给小布什总统。

鉴于前八年的失败与教训,许多学员知难而退,个别学员甚至认为,这道毕业实习题会和克林顿当政期间一样毫无结果。因为现在

的总统什么都不缺少，再说即使缺少，也用不着他亲自购买；再退一步说，即使他们亲自购买，也不一定正赶上你去推销的时候。

然而，乔治·赫伯特却做到了，并且没有花多少工夫。一位记者在采访他的时候，他是这样说的："我认为，把一把斧子推销给小布什总统是完全可能的，因为布什总统在德克萨斯州有一农场，里面长着许多树。于是我给他写了一封信，说：'有一次，我有幸参观您的农场，发现里面长着许多矢菊树，有些已经死掉，木质已变得松软。我想，您一定需要一把小斧头，但是从您现在的体质来看，这种小斧头显然太轻，因此您仍然需要一把不甚锋利的老斧头。现在我这儿正好有一把这样的斧头，它是我祖父留给我的，很适合砍伐枯树。假若您有兴趣的话，请按这封信所留的信箱，给予回复……'最后他就给我汇来了 15 美元。"

乔治·赫伯特成功后，布鲁金斯学会在表彰他的时候说：金靴子奖已空置了 26 年，26 年间，布鲁金斯学会培养了数以万计的百万富翁，这只金靴子之所以没有授予他们，是因为该学会一直想寻找这么一个人——这个人能用智慧战胜看似无法完成的任务。

成功 =99% 的汗水 +1% 的灵感，这是大家都知道的成功公式。我们很重视勤奋，但如果没有 1% 的灵感，成功也是很难实现的。灵感不仅需要聪明的大脑，还需有智慧的心态。不能说乔治·赫伯特是最聪明的，但可以说他是很有智慧的。他的智慧给了他迎接挑战的勇气和战胜困难的信心。智慧是后天的积累，可以修炼。可以说，智慧是世上最有价值的宝藏，只有虔诚的人，才能分得一份。

心灵感悟

鉴于 8 年的失败经验，"聪明"的人知难而退，觉得把时间和精力浪费在不可能完成的任务上，是愚蠢的。但乔治·赫伯特的成功告诉了世人，凭借智慧，成功举手可得。聪明的人把简单的东西

复杂化,智慧的人把复杂的东西简单化。世间不乏聪明人,大智大慧者却极少。

聪明的人自作聪明,智慧的人"大智若愚"。聪明的人精于算计,据理力争,咄咄逼人,看似占了上风,实则目光短浅;智慧的人能忍辱负重,宽以待人,看似经常"吃亏",失去了暂时的利益,却赢得了人心。智慧让聪明用在恰当的地方,就如同要求你把剑好好地插在剑鞘中,而不是胡乱地挥舞一样。没有智慧的聪明,极易被"聪明"所误,唯有智慧做指引,才能乘风破浪,笑到最后。

有人说,有学问就是有智慧。这种说法并不妥当。东汉有个叫胡广的官员,他的记忆力极强,知识渊博,上知天文,下晓地理,无所不精,无一不通。但是他缺乏创造性,不能解决新问题,终其一生没有贡献。在英国,有个叫亚克敦的人,知道的历史知识十分丰富,以至于许多历史学家所写的著作中有丝毫不符合史实的地方,他都能指出来,但人们并不认为他是一位真正的历史学家,因为他没有自己的思想。

我们不仅需要汲取丰富的知识,还需善于运用知识来解决实际问题,正所谓活学活用。如果说,只停留在对知识有所了解的基础上,用知识来解决已经解决过的旧问题上,没有创新,那知识不仅不能成为智慧的基础,反而会成为教条式的束缚。

我们在学习上,也需要智慧。学习上的智慧特别体现在学习方法上。有人说,学习就如登山一样,登山必须从山脚起步,从山脚到山腰,从山腰再到山巅,一步一步循序渐进。但是当我们"会当凌绝顶,一览众山小"时,往下一看:哇!原来还有近得多的路,有很多捷径,原先我们并不知道,否则我们早就可以达到目标了,至少也可以不必那么费力。

我们一直被灌输"勤能补拙"、"铁杵磨针"的思想,相信优秀是用汗水换来的。当没有进步时,归结于自己还不够勤奋和努力,于是挑灯夜读,增加习题量,却不舍得停下来花点时间想想是否有更好的学习方法。比如,一个重物,一个人用肩扛很吃力,但只要用一个推车就会变得很轻松。扛,是低效的方法;推,才是省力高效的方法。俗话说:"工欲善其事,必先利其器。"有了正确的方法后,学习才会变得更轻松,更有效。

我们生活中处处都闪现着智慧,生活也离不开智慧。智慧让我们在竞争面前从容淡定;分析问题时条理清晰具有远见;完成任务时善于寻找方法;处理冲突时不冲动暴躁……智慧让我们的心灵远离浮躁;让我们的胸襟更加宽广;让我们的脚步更稳、更快;让我们的世界更加充实美好。

心理加油站

人的大脑和身体一样需要通过锻炼来保持健康。人的大脑是不断发展的,有研究发现,当大脑被刺激时,不管任何年龄,都会有许多结节在脑细胞触须之上长出,从而使大脑更加发达。对待大脑,也得像对待其他肢体一样,加强锻炼,不断予以刺激。值得采用的良方如下:

1. **玩出创造力。**现在有很多既能训练快速反应能力,又能达到放松效果的游戏,如象棋、篮球、填数字、电脑上益智类的小游戏等。

2. **启动全感官经验。**启动多种感官做同一件事,加入平常少用的感官如嗅觉、触觉。例如回家时闭起眼睛找电灯开关,回忆脱鞋放哪、桌椅在哪、房间的方位。还可运用手指活动来健脑。具体方法是尽量多用两只手,要使手指从事一些较精密的活动;让双手交替伸进热水与冷水中;用毛刷轻轻叩击手掌、指甲以锻炼皮肤的感觉;多伸屈手指等。

3. **多吃益脑食品可健脑。**脑的重量仅占人体重的 2%,而其所消耗的能量却占全身总消耗量的 20%。因此,大脑必须要有大量营养补充才行。经研究肯定,健脑食品有核桃、黑芝麻、花生、豆制品、玉米、小米、枣、南瓜、粟子、蜂蜜、鱼虾、母乳等。

4. **生活里创造新经验。**一成不变的生活方式会扼杀创造力，杜克大学脑神经生物学家凯兹在《让你大脑 new 一下》中鼓励人们破除生活惯例，创造新经验。例如早上用你不常用的那只手来梳头、穿衣、刷牙；挑选全新的路线上班上学；经常到不同的餐馆吃饭，尝新滋味；把你桌上或架子上的照片、图片倒过来看等。

5. **多阅读。**阅读是一种很好的锻炼大脑的方式。阅读时要眼睛看，手动翻页，眼睛要动，书本上的字转成音、音储存到记忆中，阅读不仅积累知识，还能提高创造力和想象力。

 心理空间

20 世纪 60 年代，美国心理学家瓦特·米伽尔做过一项经典的关于"迟延满足"的心理研究实验。他发给一些 4 岁孩子每人一颗非常好吃的软糖，同时告诉孩子们：如果马上吃，只能吃一颗；如果等 20 分钟后再吃，就给吃两颗。有些孩子急不可待，马上把糖吃掉；而另一些孩子则耐住性子、闭上眼睛或头枕双臂做睡觉状，也有的孩子用自言自语或唱歌来转移注意消磨时光以克制自己的欲望，从而获得了更丰厚的报酬。

研究人员进行了跟踪观察，发现那些以坚韧的毅力获得两颗软糖的孩子，长到上中学时表现出较强的适应性、自信心和独立自主精神；而那些经不住软糖诱惑的孩子则往往屈服于压力而逃避挑战。在后来几十年的跟踪观察中，也证明那些有耐心等待吃两块糖果的孩子，事业上更容易获得成功。

心理学博士丹尼尔·高曼将"情商"这个术语缩写出为 EQ，并将此新观念引进科学词典。据高曼所言，情绪智力发育系数是由一个人坚定目的性、能认识自己和他人的感觉、自我激励、善于同别人悲喜与共同帮助别人以及很好地控制自己在人际交往中的情绪的能力所组成。善于控制这些情绪的人容易获得成功。

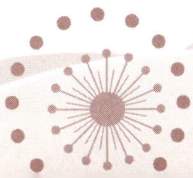

聪明本身并不意味着生活中的成功,有些金牌大学的毕业生也未能在生活中有所成就。同样智商的人,有人飞黄腾达,有人却原地踏步,究其原因是他们之间的情商存在差异。只有拥有高情商的人才会充分利用资源,为实现自己的成功不断努力。

3 没有最好，只有更好（细致）

世上不可能有真正的完美，但是在执行的过程中，我们应该有一个追求完美、精益求精的态度，这是一种奋发向上的精神状态和习惯。很多人虽然有远大的目标，但缺乏对完美的执著追求，事事以为"差不多"便可，结果是：由于执行的偏差，导致许多"差不多的计划"到最后一个环节时已经变得面目全非。

成长之路

19世纪初，英国一位化学家制成世界上第一盏弧光灯。但这种灯光线太强，只能安装在街道或广场上，普通家庭无法使用。无数科学家为此绞尽脑汁，想制造一种价廉物美、经久耐用的家用电灯。1879年10月21日，一位美国发明家通过长期的反复试验，终于点燃了世界上第一盏有实用价值的电灯。

他为了寻找合适的灯丝，他尝试用各种材料来做灯丝，比如稻草、麻绳、炭化的纸、玉

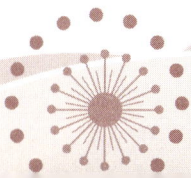

米、棉线、木材、马鬃、头发、胡子以及铝和铂等金属，总共达1600多种。他想寻找到这样一种灯丝：不仅能经受住热度在2000度、1000小时以上的燃烧，同时用法要简单，能经受日常使用的击碰，价格要低廉。这在当时是极大胆的设想。

有些材料经受不住高温，有些材料可以燃烧，但持续时间太短，有些材料能持续较长的时间，但价格太贵……他没有放弃他的实验，在不断的尝试后，经过一年多的艰苦研究，终于找到了一种材料，这种材料做的灯丝能够使灯泡持续发光45小时，45个小时之后，看着灯丝慢慢熔化，他说道："如果它能坚持45个小时，再过些日子我就要让它坚持100个小时。"他继续试验着，灯丝燃烧的时间越来越长，从45个小时，变成60个小时，又增长到100个小时……但他没有满足于已取得的成绩，两个月后，灯丝的寿命达到了170小时。

从此，这位发明家的名字，就像他发明的电灯一样，走入了千家万户。他，就是被后人赞誉为"发明大王"的爱迪生。

没有最好只有更好的理念，要求我们不断创新，精益求精，不满足于已有的成绩，继续奋发向上，体现了一种追求更高目标的执著。它不在于一时的完美，而在于几十年如一日的坚持；这是一种不事张扬的内敛，它不求表面轰轰烈烈，但求效果实实在在。

精益求精的人从来不会敷衍了事，并且他们能够从工作中体会到快乐和满足感。在他们的眼中，没有什么比圆满地完成一项工作，看着一件完美的作品更加令人激动、更加感到满足的了。当追求完美的理念成为一个人的品质，他就能在平凡中创造出不平凡。

 心灵感悟

爱迪生的名言是"天才是百分之九十九的勤奋加百分之一的灵感"，这成为激励人们勤奋努力的座右铭。他的勤奋体现在他精

益求精、不断突破的科学态度上，也反映了他身上的那种忘我的职业精神。

生活中处处都要精益求精：一把精巧的折叠式瑞士军刀的制作过程要经 450 个步骤，仅检测部门就有 90 个员工；祖冲之得出圆周率 3.1416，但是他仍然不满足于这一结果，于是又继续计算下去，直到得出 $3.1415926 < \pi < 3.1415927$，精确到了小数点后 7 位，这等于是计算圆内接 16,384 边形的数值；诗人贾岛反复斟酌诗句中的"推"与"敲"，成为一段佳话……老子曾说过："天下难事，必成于易；天下大事，必做于细。"唯有精益求精地把细节做到位，才能真正有所成就。

眼下，"过得去"、"马马虎虎"似乎成了大家的口头禅。和很久不联系的朋友见面，大家互问情况，答案往往都是"还过得去吧"。问到学习怎么样，大多数人都是"马马虎虎"；问到生活怎么样，大多数人也都是过得去。当然，我们不可否认，这些答案都是一种谦虚的应答，但是时下的人还真是很多都马马虎虎了。学习也好、工作状态也好，生活也罢，什么都是差不多就行了，于是也就差不多一辈子下去了。

其实，这种得过且过的态度是很不利于自己的，就像歇后语里面说的"当一天和尚撞一天钟"，活着就是为了每天撞那个钟，甚至那个钟都只是撞得马马虎虎。

人一旦对自己抱着得过且过的心态，就会把对自己的要求放低，这是对自己不负责任的表现。对自己要求过低，就容易倦怠，产生无所谓的观点，如果对什么事情都无所谓了，那也就相当于放弃了自己进步的机会了。

差之毫厘，谬以千里——是否不断追求完美，寻求突破，造就了平庸和优异的差异。只有自始至终对自己严格要求，精益求精，才能磨炼出非凡的才华，激发潜能，出色地完成每一项任务，在平凡中造就不平凡。

一旦这种力求至善的精神主宰了一个人的心灵，渗透进一个人的个性中，它就足以影响到一个人的行为和气质。做事力求完

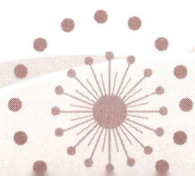

美的人有一种宁静致远的气质,他不会轻易放弃他坚守的信念;他勇敢无畏,坦诚直面这个世界,因为他问心无愧。

当一个人因为能把一件事做得尽可能完善而激动不已的时候,当一个人安静地欣赏着自己所做的一切而心满意足的时候,这是一种真正的快乐,这也是一种真正的成功。这种成就感可以使人的各种才能得到最充分的发挥。

追求卓越,永无止境。只要你永远渴望进步,向往更高、更快、更好,那么机会就将永远伴随着你,没有什么能阻挡你追求卓越。

心理加油站

工作生活当中,不能养成虎头蛇尾,马马虎虎的习惯。"千里之堤,溃于蚁穴",粗心会带给我们无尽的烦恼。我们应当在生活中培养细致的习惯。习惯是后天形成的,我们可以有意识地对坏习惯加以克服,培养起好的行为习惯。长此以往,就能拥有一个好品质,受益终身。下面给了几个培养"细致"习惯的建议。

1. 戒掉"马马虎虎"、"差不多"的口头禅,开始准备做得更好。经常问自己:"我尽力了吗? 还能做得更好些吗?"从身边小事开始,给自己一个高的标准,按照高标准去完成,不随随便便了事。把手上小事处理好,才有足够的信心去迎接挑战。

2. 培养"专注"的习惯,做事认真、专心。首先,要能较快地集中注意力,能控制自己沉稳下来,不三心二意。其次,需要排除干扰,如果有过多杂务干扰,心绪烦乱,情绪不稳,我们就容易注意力涣散,就很难做到全神贯注。这样才有助于保持一颗平静的心,正所谓"宁静而致远"。

3. 培养"检查"的习惯。做完事后要习惯于检查一下,例如,劳动完了,检查一下是否都已经打扫干净;收拾完了,检查一下还有没有遗漏;做完作业了,检查一下有没有错误……养成了"检查"的习惯,能及时地查漏补缺,减少不必要的失误。

4. **养成"有序"和"条理"的习惯。**行为有条理,物品有条理,不毛毛糙糙,不丢三落四。 有条理的习惯,有助于形成有条理的思维;有条理的思维,有助于事情有条理地向着更好的方向发展。

5. **做一个细致的人,关键还要拥有责任感。**只有意识到肩上的责任和使命,才能向目标坚持不懈地努力,才能更好地激发我们全部的智慧,调动我们无穷的潜力。

6. **需要培养兴趣。**我们深知,一旦自己对于某事有了浓厚兴趣,常能乐此不疲,流连忘返,也就能够精心钻研、细致考量。如果缺乏兴趣,就会失去耐心,就容易心猿意马、朝三暮四,难以做到持久的静心、细致。

心理空间

追求完美是一个优秀的品质,但是如果超过了一个度,追求完美就会变得过于僵硬、不懂得变通,就成了完美主义者。

完美主义者在日常生活中通常有如下的表现:

1. 不愿冒险,生怕任何微小的瑕疵损害了自己的形象。

2. 不能尝试任何新的东西。

3. 神经紧张得连一般工作都不能胜任。

4. 因为有些事情还不完善,寝食不安。

5. 对自己诸多苛求,毫无生活乐趣。

6. 对别人吹毛求疵,人际关系糟糕。

心理学研究证明,完美主义者与他们可能获得成功的机会恰恰成反比。开始的时候,他们担心失败、辗转不安,于是妨碍了全力以赴去取得成功;遭到失败之后,他们就异常焦虑、沮丧和压抑,想尽快从失败的境遇中逃避开,但他们并没有真正在失败中总结教训,想的只是如何避免尴尬。完美主义者背负着如此沉重的精神包袱,如何取得成功呢? 而且,他们往往在家庭、人际关系等方面也很不如意。

心理学家耶克斯（R.M Yerkes）与多德森（J.D Dodson）经实验研究归纳出,耶克斯－多德森定律,用来解释心理压力、工作难度与作业成绩三者之间的关系。研究表明,各种活动都存在一个最佳的动机水平。动机不足或过分强烈,都会使工作效率下降。研究还发现,在比较容易的任务中,动机越强,工作效率越高;而在难度较大的任务中,较低的动机水平有利于任务的完成。因此,我们要根据任务的难易程度来调整好自己的动机水平。

小贴士

细致在日常生活和工作中是非常必要的,但是应该注意到:细致有度。总是战战兢兢、如履薄冰的话,长期紧张的神经会变得脆弱。因而要把握好细致的"度",做到灵活性与原则性的完美结合。

4 恒学为贵，善思为金（善思）

大脑是知识的加工厂，我们需要通过学习去获取大量的原材料，不然大脑就会陷入"巧妇难为无米之炊"的困境。我们还需要对原材料进行思考加工，不然，照抄照搬，盲目迷信书本，大脑就会因为惰性而变得陈旧腐朽，人也会变得呆板教条。

成长之路

17世纪60年代的一天，牛顿正坐在自家庄园的苹果树下苦苦思考着行星绕日运动的原因。这时，一只苹果恰巧落下来，砸在了牛顿的头上。这次苹果下落与以往无数次苹果下落不同，因为它引起了牛顿的注意。牛顿从苹果落地这一理所当然的现象中找到了原因——引力的作用——一种来自地球的无形的力拉着苹果下落，正像地球拉着月球，使月球围绕地球运动一样。

数百年来，苹果巧砸牛顿并砸出万有引力定律一直是科学史上最为脍炙人口的一段佳话，牛顿家乡的这棵苹果树后来被移植到剑桥大学中。

除苹果轶闻外，斯蒂克利在《艾萨克·牛顿爵士生平回忆录》中讲述了牛顿童年的另一件趣事。

167

据斯蒂克利记述，牛顿从小就聪明好学，喜欢思考。小时候，他把自己家附近风车的机械原理摸透了，并仿照风车做出一个小型的风车模型，这个风车还有动力装置——一只老鼠。牛顿将老鼠绑在一架有轮子的踏车上，然后在轮子的前面放上一粒玉米，刚好那地方是老鼠可望而不可即的位置。老鼠想吃玉米，就不断地跑动，于是轮子不停地转动。

牛顿其他的发明也让人惊叹。比如他制造了一个小水钟。每天早晨，小水钟会自动滴水到牛顿脸上，催他起床。"牛顿从不满足于单纯的模仿，他的好奇心不断驱动他创新，以超越前人和他的参照原型"。

善于思考是人类文明的一个重要标志，且对于我们每个人来说都非常重要。纵观人类灿烂的历史长河，我们不难发现，每一个重大的发现与成就的最初"雏形"都孕育着"思考"，人类因为善于思考，才会发现问题、提出问题并解决问题。

古人云："行成于思而毁于随。"人类正是因为善于思考，灿烂的文明成果才能不断涌现，世界才能不断向前发展。思考使我们的行为更加理智，使我们的思想更加成熟。不善于思考的人，看问题只能停留在表面，他的思想世界是狭窄而乏味的；善于思考的人，对待事物能从表面去挖掘事物的本质，从而获得新的发现，他的视野会因此变得越来越宽阔，知识也会越来越丰富。善于思考不仅是能力，也是智慧的体现。

心灵感悟

许多伟人不仅酷爱学习，还具有善于思考的习惯。牛顿看到苹果落地，并没有熟视无睹，而是思考"苹果为何不飞到天上，而是要往地下落？"经过他坚持不懈地思考研究，发现了万有引力定律。这样的例子有很多，例如，英国细菌学家弗莱明从发了霉的培养皿上得到启发，研制出青霉素；鲁班被草划伤，发明了锯子；瓦特从烧

水壶冒出的水蒸汽中得到灵感等。

他们遇到的这些情况都是平常生活中常见的现象。但是我们已经习惯了，便"视而不见"，但在他们眼里却是与众不同的，于是就有了这些伟大的科学成就。

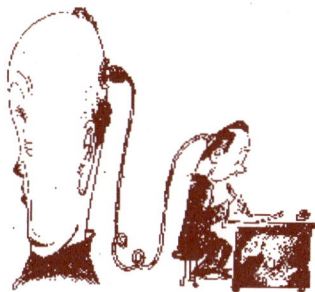

我们在学习过程中，同样需要善于思考。会不会学习，爱不爱学习，绝不仅仅取决于读了多少书，做了多少笔记，还要勤于思考、善于思考，对所学知识批判性地吸收。孟子说："尽信书不如无书。"毛泽东常用孟子的这句话，告诉人们不要迷信书本，盲目读书，这样会被书牵着鼻子走。书本上的理论，提供的大多是解决问题的一般方法。死搬硬套，照葫芦画瓢，书上怎么说，老师怎么要求就怎么做，不仅无助于能力的提高，对个人发展更是有百害而无一益。

思考有助于我们辨其真谬，进而去谬存真；析其精粗，进而去粗取精。思考要求我们活学活用，具体问题具体分析，而不是照抄照搬，死搬硬套。所谓的用"心"读书，就是要求我们带着思维读书，做学问。学习是思考的基础，思考是学习的延续。

许多人总是听从生活的安排，在闹钟的提示中起床、吃饭、上学、回家，从一个地方到另一个地方，事情做完一件又一件，好像做了很多事，从来没有时间整理自己的东西和自己的思想。长期如此，即便有了时间和自由的时候，他们也会在惯性的作用下继续过着一塌糊涂的日子。

整天的忙碌，也需要给自己留下一点思考的时间，留一点思考的空间去整理一下自己的思路，总结自己的经验和体会。"两眼一睁，忙到熄灯"，到头来，时间用上了，精力耗费了，大脑空虚，两手空空。

在人生的旅途上，不仅需要信心、激情和坚韧，还需要清醒的头脑，需要理智地经营。在你行进的过程中，不要只凭着一种惯性

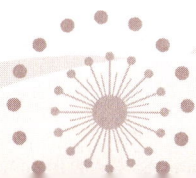

向前走。停下来，认真总结得失，才能避免更大的伤害。没有思考，就会失去方向，就像一辆没有站台的火车一样，完全失去了行驶的意义。"磨刀不误砍柴工"，多思考，才能避免盲目的奔波。

心理加油站

"勤学应好问，好问应先思"，思考，让我们变得越来越聪明，掌握的知识越来越丰富，看问题越来越深刻。我们应该形成善于思考的品质。

1. **我们要积累知识。**我们应通过各种途径，如阅读书籍、看电视、听收音机、上网、看报纸等途径积累知识。没有知识储备，思考就是无源之水，无本之木。

2. **我们要善于观察。**任何地方都是可以思考的"实战场地"，任何普通平凡的事物和现象都是我们的观察对象。魏格纳正是因为观察到世界地图上，南美和非洲的海岸线凹凸有些互补，大胆提出了"大陆漂移学说"。

3. **我们要多参加实践。**在实践中，发现问题，提出问题，并加以思考。同时，实践也是检验思考的内容是否正确的惟一标准。

4. **多质疑，多探索。**我们要勇于对书本上的理论和经验多质疑，在提出问题、思考问题、解决问题的动态过程中学习。多提出一些疑惑，有助于拓展自己的发散思维，同时也诱发了思考的潜质。

心理空间

当反复探索一个问题的解决而毫无结果时，把问题暂时搁置一段时间，几小时、几天或几个星期，然后再回过头来解决，反而可能很快找到解决办法。这种现象称为酝酿效应。在酝酿期间，个体虽在意识中终止了解决问题的思维过程，但其思维过程并没有

完全终止,而仍然在潜意识中断断续续地进行着。通过酝酿,最近的记忆和已有的记忆被整合在一起,弱化了心理定势的效应,并容易激活比较遥远的思维线索,因而容易重构出新的事物,产生对问题的新看法,使问题得以顺利解决。

日常生活中,我们常常会对一些难题束手无策,不知从何入手,这时思维就进入了"酝酿阶段"。直到有一天,当我们抛开面前的问题去做其他的事情时,百思不得其解的答案却突然出现在我们面前,令我们忍不住发出类似阿基米德的惊叹,这时,"酝酿效应"就绽开了"思维之花"。古代诗词说"山重水复疑无路,柳暗花明又一村"正是这一过程的写照。

心理学家认为,酝酿过程中,存在潜在的意识层面推理,储存在记忆里的相关信息在潜意识里组合,人们之所以在休息的时候突然找到答案,是因为个体消除了前期的心理紧张,忘记了个体前面不正确的、导致僵局的思路,具有了创造性的思维状态。因此,如果你面临一个难题,不妨先把它放在一边,去和朋友散步、喝茶,或许答案真的会"踏破铁鞋无觅处,得来全不费工夫"。

小贴士

孔子云:"学而不思则罔,思而不学则殆。"学习和思考两者皆不可偏废。学习必须建立在思考的基础上,不然只会人云亦云,找不到方向;思考也必须建立在学习的基础之上,缺少牢固的根基,思考就难以站得住脚。

5 问题的答案不止一个（创新）

"横看成岭侧成峰,远近高低各不同",从不同的角度看待事物,会有不同的发现。很多时候,问题的正确答案不止一个。探寻其他答案,或是其他新的解决方法,需要有打破常规的创新精神——勇于探索,勇于实践,并能持之以恒。

成长之路

一位父亲用一道并不新鲜的智力游戏题考自己的儿子:"一个桌子四个角,砍去一个,还有几个?"

"三个。"儿子不假思索地回答。当然,这样的回答正在父亲的意料之中。于是,父亲呵呵笑道:"真的吗? 不对! 应该是五个。"

儿子无法接受这样的答案,坚持着他的数学原理:"四减一就是等于三。"

父亲显然早有准备,他拿出一张正方形的纸片,用剪刀剪去一角,对儿子说:"假设这就是一张桌子,现在去了一角,你数数还有几个角?"

儿子马上就明白了父亲的智力游戏,也笑了起来:"对,这样是五个角,可是我干吗这样剪?"

说着,他接过父亲手里的剪刀和"桌子",沿着"桌子"的对角

线剪了下去,然后扬起了手中的三角形,得意地问道:"这样,不就是三个角了吗?"

父亲哑口无言,一时间有些尴尬,随即父亲做出一副胸有成竹的样子,对儿子说:"不错,想想看,还有没有其他可能性?"

儿子歪头在纸片上比划着,然后说:"也可能剩下四个角。"只见他拿起剪刀,沿着"桌子"一边除了两个端点以外的任何部分向另外两个端点的其中一个剪下,得到了一个四个角的"桌面"。

许多问题并不只有唯一的答案。有一个古老的智力题:"树上有 10 只鸟,打死 1 只,还有几只?"答案是 9 只,但这不是唯一的答案。如果其他的鸟都被枪声吓跑了,那就是 0 只;要是树上有 2 只、3 只……尚不会飞的雏鸟,那答案又多了。

像上面这种以问题为中心,向四面八方扩展开来,不拘泥于常规或一条线索,而是从多方面探索答案的思维方式,心理学上叫发散思维。这些答案出人意料,却又在情理之中。

"正确答案只有一个"这种思维模式,在我们头脑中已不知不觉根深蒂固。事实上,很多问题的答案并不止一个。从不同的角度来看问题,从不同的途径来思考问题,就会产生不同的答案。也正因为如此,我们常常需要根据具体情况的变化,选择适当的方法。

探索新的方法和途径,永不止步,这就是创新。我们要敢于创新,训练自己多角度地看待问题、解决问题的能力;还要有打破常规,与惯性思维作斗争的勇气。创新,让你与众不同,让这个世界更精彩!

　　历史上那些科学巨匠与艺术天才，他们不满足于问题的一个答案，喜欢从多个角度去思考、去研究、寻找新的解决途径。他们对问题的理解，随视角的每一次转换而逐渐加深，最终抓住了问题的实质，做出了影响世界的成果。例如，爱因斯坦的相对论就是对不同视角之间的关系的一种解释；弗洛伊德的精神分析法旨在找到与传统方法不符的细节，以便发现一个全新的视角。

　　很多时候，我们习惯按照常规思维模式去回答问题和寻找答案，这往往成为束缚我们的力量。墨守成规，习惯行事，有时会行不通。

　　一头驴子背盐过河时，不小心在河里滑了一跤，跌到水里，那盐溶化了。驴子站起来时，感觉身体轻了很多。驴子非常高兴，获得了经验。后来一次，它背了棉花过河，以为再跌倒，可以和上次一样。于是走到河边时，它故意摔到在水中。可是棉花吸了很多水，驴子不仅站不起来了，而且一直向下沉，直到淹死。

　　驴子凭着经验，不根据情况的变化而改变策略，最终导致了悲剧的发生。同一个问题，正确的答案不止一个，答案在一些条件下，也会有失灵的时候。这就要求我们能根据具体的情况，选择最适合的方法。

　　创新，帮助我们跳出常规性思维，摆脱千篇一律的运作方式。我们对生活可以做一些小小的改变，在学习和工作上尝试不同的方法，说不定，一种新的方式展现给你的就是别样的风景。

　　其实，任何人都拥有创造力，关键是保持好奇心，不断积累知识；不满足于一个答案，喜欢探求新思路；一旦产生小的灵感，相信它的价值，并锲而不舍地把它发展下去。

　　有人说："富有创造性的人总是孜孜不倦地汲取知识，使自己学识渊博。因为各种知识随时都可能进行组合，形成新的创意。这种情况可能出现在 6 分钟之后，也可能在 6 个月之后，6 年之后。"

知识是形成新创意的素材。但拥有知识不等于就拥有了创造性，知识只是创造性形成的基础。发挥创造力的关键，在于如何运用知识。创造性的思维，必须有探求新事物，并为此而活用知识的态度和意识，在此基础上，持之以恒地进行各种尝试。如果能做到这些，你一定会成为一个富有创造性的人。

　　创新不仅是个人能力的体现，也是推动社会发展的原动力，还是一个国家赖以生存的灵魂。如果没有创新，那么我们就不会有科学，也不会有技术，一个国家就会失去活力和生机。德国著名的剧作家、诗人、思想家歌德说过："不断变革创新，就会充满青春活力；否则，就可能会变得僵化。"

　　我们要学会多角度思考问题，不满足于一种答案，积极探索和思考，让创新成为我们前进的动力，为社会的前进、为国家的繁荣贡献一份力量。

心理加油站

　　每个人都希望自己拥有良好的创造力，能够经常产生与众不同的创意。有人说："假使你没有创造力（即如果你想不到什么改革的主意），那你就是一个不会发光的电灯泡。"如果你在为自己无法突破传统的思维模式、捕捉不到灵感的闪光而苦恼，下面有几条建议。

　　1. **展开丰富的想象力**。爱因斯坦说过："想象力比知识更重要，因为知识是有限的，而想象力概括着世界的一切，推动着进步，并且是知识进化的源泉。"在思维过程中，如果没有想象的参与，思考就发生困难。想象是创造性的准备阶段，不仅能引导我们发现新的事物，而且还能激发我们作出新的努力、探索，去进行创造性劳动。

　　2. **培养发散思维**。所谓发散思维，就是以问题为中心，从不同的角度进行思考，找出尽可能多的答案。比如我们思考"砖头有多

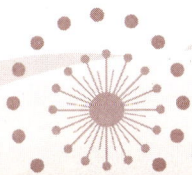

少种用途"。我们至少有以下各式各样的答案：造房子、砌院墙、铺路、刹住停在斜坡的车辆、作锤子、压纸头、代尺画线、垫东西、搏斗的武器……你还能想到其他用途吗？

3. **发展直觉思维**。所谓直觉思维是指不经过一步一步分析而找到答案，而是突如其来的领悟或理解。很多心理学家认为它是创造性思维活跃的一种表现。直觉思维在学习过程中，有时表现为提出怪问题，有时表现为大胆的猜想，有时表现为一种应急性的回答，有时表现为解决一个问题，设想出多种新奇的方法、方案等等。为了培养我们的创造性思维，当这些想象纷至沓来的时候，可千万别怠慢了他们。

4. **培养打破砂锅问到底的习惯**。古希腊哲学家柏拉图和亚里士多德都说过，哲学的起源乃是人类对自然界和人类自己所有存在的惊奇。好奇会激发人的求知欲。一个人，只有当他对学习的心理状态，总处于"跃跃欲试"阶段的时候，他才能使自己的学习过程变成一个积极主动、"上下求索"的过程。

5. **开发右脑**。我们经常抱怨自己的大脑不够用，可是我们有一半的思维在被浪费——那就是我们的右脑。科学家称，我们的右脑具有很强的创造力，但却长期处于沉睡状态。我们可以通过多进行情境想象、多锻炼左手左脚等方式来挖掘右脑的潜能。

心理空间

顿悟是指，当人们对问题百思不得其解，突然看出问题情境中的各种关系，找到了解决方法。犹如"踏破铁鞋无觅处，得来全不费工夫"。

心理学家苛勒的实验，设计了著名的"接竹竿实验"。在接竹竿实验中，苛勒将黑猩猩关在一个笼子里面，笼子里有两根能够接起来的竹竿，在笼子外面放有香蕉。黑猩猩要想得到香蕉，就必须把这两根竹竿接起来。

黑猩猩被关在笼子里面之后，它先用手去够香蕉，用一根竹竿够香蕉，经过这样的尝试之后，黑猩猩不能得到香蕉，这时黑猩猩就会停下来，看看外面的香蕉，把两根竹竿在手里摆弄。偶然地使两根竹竿接了起来，它就会很快地用接起来的竹竿去得到食物。黑猩猩很高兴自己的"发明"，不断重复着这一获得香蕉的方式。

苛勒发现，在寻找方法的过程中，黑猩猩蹲在地上，似乎在思考问题。然后，它会突然将两根短竹棒拼接成一根长棒，成功地将笼外的香蕉够入笼内。苛勒认为，这是黑猩猩突然理解了笼、两根短竹棒、笼外香蕉等所有事物的相互关系之后的行为。

自从柯勒1917年提出顿悟的概念以来，这个问题一直吸引着心理学家的关注。从心理过程上看，顿悟是一个瞬间实现的、问题解决视角的"新旧交替"过程；它包含两个方面，一是新的有效的问题解决思路如何实现，二是旧的无效的思路如何被抛弃（即打破思维定势）。

小贴士

打破"唯一答案"的禁锢，找出不同答案，是发散思维。创造过程是以发散性思维开始的，但到了创造过程的后期，就需要从众多的答案中挑选最佳答案，这称作聚合思维。两者是相反的思维过程，也是互补的，两者在创造性过程中是缺一不可的。

6 做一个幸福的进取者(进取)

落花纷纷,流水匆匆,在短暂有限的生命中,每个人都希望能够实现自身的价值,创造出绚丽的人生。"不想当元帅的士兵不是好士兵",拿破仑这句为世人咏叹的经典名句,折射出一种积极向上的态度,同样是一面进取的战鼓,鼓励人们长风破浪,直挂云帆济沧海。

进取,既体现了一种乐观向上的人生追求,也是一种披荆斩棘的无畏勇气。只有不断进取,才能真正实现自我完善和自我超越。

成长之路

2004年,金庸得到剑桥大学荣誉博士学位。在接过证书的时候,金庸出乎意料地提出读一个真正博士的请求。剑桥校方表明已无此必要。但金庸坚决请求入校就读,最终得到校方同意。于是,从香港走出的武侠小说的泰斗——金庸,在81岁的耄耋之年,却背起书包到英国上学堂。

剑桥大学的现任女校长艾莉森·理查德女士说,在剑桥的校史中,没有哪一位赢得剑桥的荣誉博士后,还要再来念学位的,金庸是第一个打破800年纪录的人,而且是剑桥在校生中年纪最大

的人。

　　读书是件艰苦的事情，只有刻苦认真，才能学有所获。金庸在剑桥攻读，不是走形式，装门面，而是真读真学。他就读的剑桥大学的圣约翰学院的东方研究专业，他每周上两次课，从不缺课。遵照学校规定，他先攻读一年哲学硕士课程，通过考试后修读有关中国唐代历史的博士课程，此外还涉及欧洲史、希腊罗马史等方面的研究。

　　金庸的夫人曾说过，他读书相当用功，每天像学生一样肩上斜背着书包，装满当天上课要用的书和资料。在上学路上，遇到有"金迷"请求签名合影，每每都婉言谢绝，"现在不方便，等我上完课。"而免试让他入学的女校长理查德则说："有句话不怕被他知道，我认为他真的很老！"

　　许多"金迷"都不理解，金庸这么大年纪、这么高成就了，难道还需要进剑桥大学深造吗？对此，金庸想得很简单："念书是人生最快乐的事情。"他特别崇尚陈寅恪的一句名言："不求学位，只求学问。"金庸说："我将追随前辈，明志求学，广学博闻，以增见识。"

　　每个人都有追求志向的权利，不受年龄限制的。金庸，不知老，不觉老，不服老，他的心理很年轻。由此看来，不仅"金大侠"小说中的侠义精神需要我们学习，其"活到老、学到老"的精神更值得我们学习。

　　在这样一个飞速发展的科技时代，我们应该积极进取，在前进的道路上不断给自己新的奋斗目标，并为之不懈追求。有了这种动力和品质，就一定能够不断进步，让人生充实而有意义。

　　没有进取心，就好像没有风的帆，流不动的水，青春不会闪亮，生命也会黯然无光。只有不断进取，才会使自己得到成功的快乐和生命的收获；也只有这样，人生的长河才会不枯竭，人生的舞台

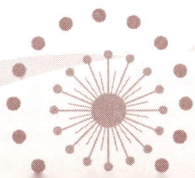

才会有掌声响起。

💭 心灵感悟

先贤庄子曾说:"吾生也有涯而知也无涯。"金庸活到老学到老,不断给自己充电,并在学习充实自己的过程中感到幸福。他是一个幸福的进取者。有的人浑浑噩噩,烟酒歌舞过日辰;有的人嗜赌成癖,四方城里无晨昏。当然,有的人喜欢旅游长知识,有的人苦学博览写春秋。不过,最值得敬重者,莫若浮过人生急流险滩,尝过世道酸甜苦涩,依然抱揽着不断进取之心的人。

世间有"知足者常乐"一说。但对于知识和能力,我们不能"知足",知足就是自满,就会裹足不前。没有进取心的人,就如同温水中的青蛙,对外界的变化浑然不觉,只能停留在起点上,"不进则退",直至被社会淘汰。

机遇无处不在,无时不有,但它不会主动来到你的身边,需要你不断进取,主动追求。一位旅客经常买不到坐票,可是无论长途短途,无论车上多挤,他总能找到座位。他的办法其实很简单,就是耐心地一节车厢一节车厢找过去。他说:"这是因为像他这样锲而不舍找座位的乘客实在不多。大多数乘客轻易就被一两节车厢拥挤的表面现象迷惑了,不大细想在数 10 次停车之中,从火车十几个车门上上下下的人流中蕴藏着不少提供座位的机遇;即使想到了,他们也没有那一份寻找的耐心。"

眼前一方小小立足之地很容易让大多数人满足,为了一两个座位背负着行囊挤来挤去有些人也觉得不值。他们还担心万一找不到座位,回头连个好好站着的地方也没有了。

生活中一些安于现状不思进取害怕失败的人,与这些不愿主动找座位的乘客一样,大多只能在上车时最初的落脚之处一直站到下车。

孔子有位弟子叫子贡。据传说,子贡觉得跟孔子做学问太辛

苦,提出想少学几样学问,少尽几种社会责任,子贡便问:"何时可以休息?"孔子说:"看见那一个个像大鼎一样、像小山包一样的坟头了么?当你进入到那里去时,就可以休息了。"生命不息,奋斗不止,这就是孔子的人生信条。

进取者分两类,一类是尽力而为者,一类是全力以赴者。"尽力而为"与"全力以赴",看似都在努力,所得到回报却不相同。为了饱餐,猎狗尽力而为,追不到兔子,还有其他猎物;为了性命,兔子全力以赴,跑不过猎狗,将会丢掉性命。

尽力而为其实是潜藏于我们身体和精神中一种根深蒂固的惰性,一种原则性不强的自我谅解,成功靠运气,失败了就怨声叹气。全力以赴则是一种积极主动的精神状态,是千方百计、想方设法;是使出浑身解数,拼尽全部气力;是点点滴滴的实际行动,是每一分、每一秒,想得最多,做到最好。

只要自己认为目标是合理的,就应全力以赴,去实现这个目标。成功固然可喜,失败也不以为憾。可以在夜幕降临,即将要入睡时,叩问自己一句:"今天,我是一条尽力而为的猎狗,还是一只全力以赴的兔子?"

心理加油站

进取心是一种激励我们前进的推动力,这种推动力总是激励着我们为了更好的明天而奋斗。个人进取心,是你实现目标不可少的要素,它会使你进步,使你受到注意而且会给你带来机会。

1. 要有"永不满足感"。成功学大师罗伯逊说:"如果一个人对自己的现状很满意,他就会停滞不前。人当然不应该对自己的命运感到失望和不满,但人永远不应该满足。"如果你感到"不满足",你环顾左右前后,就可能发现许多可能发展的机会。"不满足"带来的激情,能够唤醒我们改变现状的"进取心",激励我们不断完善自我。

2.保持一定的危机意识。每个人都在向着目标冲刺,你不前进就是后退。因此我们要从容面对别人的赞美,多思考自己的不足,这样才能在成绩面前保持清醒。对他人的批评,有则改之,无则加勉。这样才能让自己更加完善。

3.**要有坚韧不拔的意志力。**坚强的意志和不屈不挠的精神,是进取的执行者。没有他们,进取只是"三分钟热度"。如果没有意志力的配合,再宏大再美好的目标,也会烟消云散,化为泡影。

心理空间

"习得性无助"是美国心理学家塞利格曼1967年在研究动物时提出的,他用狗做了一项经典实验,起初把狗关在笼子里,只要蜂音器一响,就给以难受的电击,狗关在笼子里逃避不了电击。多次实验后,蜂音器一响,在给电击前,先把笼门打开,此时狗不但不逃,而是不等电击出现,就先倒在地开始呻吟和颤抖,本来可以主动地逃避,却绝望地等待痛苦的来临,这就是习得性无助。

狗之所以表现出这种状况,是由于在早期获得的一种无助感——它们认识到自己无论做什么都不能控制电击的终止。

在日常生活中,我们时常听到有人对某个问题作出"我不会"、"我不懂"之类的回答,这也算一种对问题感到无能为力的表现。如果形成这样的习惯,一遇到困难和挫折,就表现出无能为力,对什么都缺乏信心,则不利于我们进取心的发展。

事实上,陷入了"习得性无助"的心理状态,认为自己没有能力解决时,并不是"真的不行"。这种心理让人们自设樊篱,把失败的原因归结为自身不可改变的因素,放弃继续尝试的勇气和信心。

　　进取,要求我们在失败面前,不要怯而不前;在成绩面前,永不满足,不断前进。这种精神,让我们实现了一个又一个目标。但是,请不要去追求过多的目标,那样,可能会在众多的目标面前迷失方向,变得疲惫不堪。让我们做一个幸福的进取者,做一个真正幸福的人!

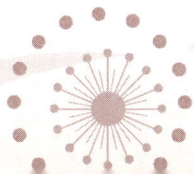

图书在版编目（CIP）数据

追求卓越——杰出青少年的 30 个心理品质 / 高雪梅主编 . 一重庆：西南师范大学出版社，2012.4

ISBN　978-7-5621-5719-9

Ⅰ.①追…　Ⅱ.①高…　Ⅲ.①成功心理－青年读物②成功心理－少年读物　Ⅳ.① B848-49

中国版本图书馆 CIP 数据核字（2012）第 067855 号

青少年心理成长护航丛书

丛书主编：李　红

副 主 编：赵玉芳　张仲明　高雪梅

策　　划：郑持军　卢　旭

追求卓越——杰出青少年的 30 个心理品质

主编　高雪梅　副主编　施桂娟

责任编辑：张浩宇

装帧设计：邱汗红　曾易成

插图设计：覃　峻

出版发行：西南师范大学出版社

　　　　　地址：重庆市北碚区天生路 1 号

　　　　　邮编：400715　市场营销部电话：023-68868624

　　　　　http://www.xscbs.com

经　　销：新华书店

印　　刷：重庆紫石东南印务有限公司

开　　本：787mm×1092mm　1/16

印　　张：12

字　　数：150 千字

版　　次：2012 年 5 月　第 1 版

印　　次：2015 年 4 月　第 4 次印刷

书　　号：ISBN　978-7-5621-5719-9

定　　价：24.00 元